Más actividades y contenidos en smSaviadigital.com

Comenzamos

LOS EXTRAÑOS

¿Cuál de las siguientes figuras dirías que es el extraño?

Aquí tienes tres razones para pensar que el triángulo es el extraño:

1.ª tiene sólo tres ángulos.
2.ª sus ángulos son agudos.
3.ª es el que tiene menor área.

¿Podrías encontrar otras tres razones?

Busca tres argumentos por los que cualquiera de los otros polígonos pueda ser el extraño.

¿Son paralelas?

Compruébalo usando una regla. ¿Y si giras el libro 90º?

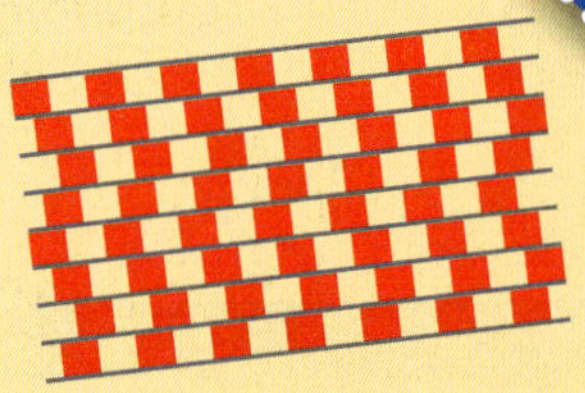

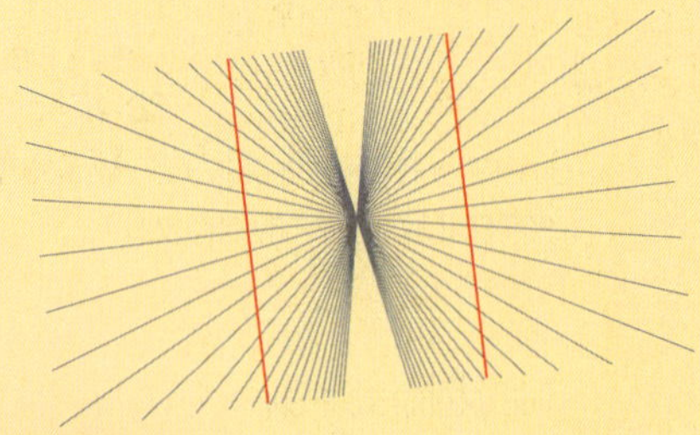

¿Son rectas las líneas rojas? ¿Son paralelas?

EL MAYOR RECTÁNGULO

1.º Coge un papel cuadriculado, unas chinchetas e hilo.

2.º Clava cuatro chinchetas que formen un rectángulo. Coloréalo ¿cuántos cuadraditos has coloreado?

3.º Rodea las chinchetas con el hilo tenso, haz un nudo y corta las puntas.

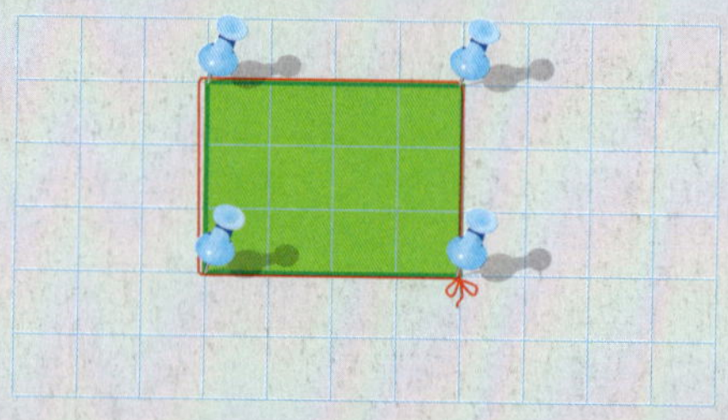

4º. Usando ese hilo haz un rectángulo que contenga más cuadrados que el primero y otro que contenga menos.

¿Qué forma tiene el rectángulo con menos cuadros? ¿Y el mayor?

CARRERAS CON DADOS

En una hoja de cuadros se marcan doce columnas numeradas del 1 al 12.

Cada uno elige una columna (si sois menos de 12 se reparten las columnas entre todos).

Por turnos, se lanzan dos dados y se suman sus resultados. Si sale un 5 se hace una marca sobre la columna número 5; si sale 8, la marca sobre el 8.

El juego continúa hasta que una de las columnas consiga 10 marcas. Gana el jugador que haya elegido esa columna.

¿Hay algún número que salga más que otros? ¿Hay algún número que no salga nunca? ¿Qué pasaría si jugásemos con un dado de 12 caras?

UN CUBO DE PLASTILINA

Construye un cubo de plastilina. Si cortamos la esquina del cubo como en la figura obtenemos una cara con forma de triángulo.

¿Qué cortes harías para obtener una cara con forma de pentágono? ¿Es posible conseguir un hexágono regular? ¿Y un heptágono?

Pentágonos estrellados

Dibuja un pentágono y todas sus diagonales.

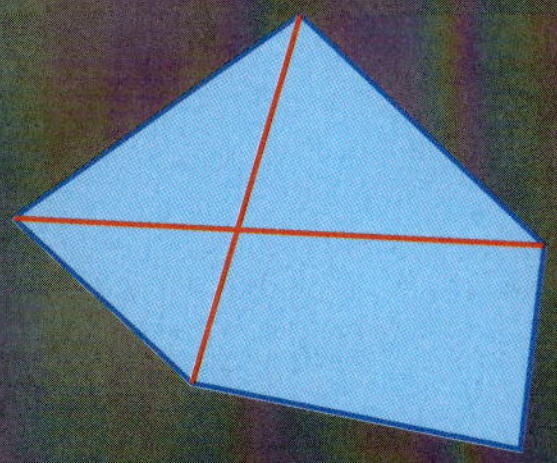

¿Qué polígonos se han formado? ¿Cuántos triángulos puedes encontrar? ¡Hay más de los que parece!

¿IMPOSIBLE?

La vista nos puede jugar malas pasadas. Observa lo que parece una representación plana de una figura en tres dimensiones. ¿Lo es?

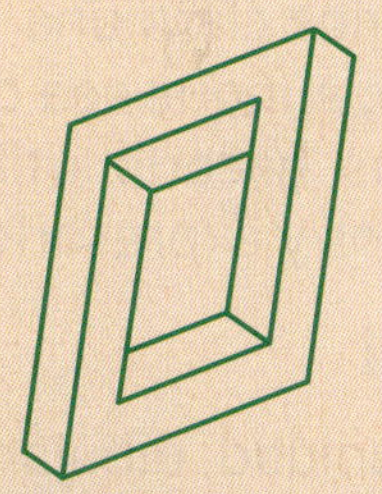

unidad 9

Ángulos

¡Qué importante es... ser asertivo!

Cuando tenemos clara una idea debemos ser capaces de defenderla, aunque sea contraria a la de los demás. Pero debemos hacerlo utilizando argumentos bien fundamentados y expresarlos de manera respetuosa.

Tarea final

Al final de la unidad, dibujarás el plano de un monasterio y lo intercambiarás con tu compañero. Sé asertivo a la hora de responder a las modificaciones que te proponga, si no las crees convenientes.

Los ángulos de un libro

En la Edad Media, el abad de un monasterio quiere enseñar a un joven monje el arte de copiar libros para conservar y transmitir su contenido. Antes, el monje debe aprender a preparar los pergaminos, las plumas y las tintas, pero sobre todo debe aprender cuál es la forma que deben tener los libros.

—¡No, no, no! —gritó el abad—. ¡Esos libros no sirven!

—¿Qué ocurre? —dijo el monje.

—¡Mirad, los ángulos de las esquinas están mal!

—¿Qué es un ángulo? —preguntó el monje.

—Es una manera de decir lo agudas que son las esquinas —replicó el abad—. Y todas esas esquinas son demasiado abiertas o demasiado agudas. Esos libros no se pueden amontonar ordenadamente, se caerán de las estanterías y las páginas se abrirán de cualquier manera. Mirad, así es como debe ser un libro, este tiene todas las esquinas exactamente iguales. [...] En realidad todas sus esquinas son *ángulos rectos*.

Kjartan Poskitt: *Esas mortíferas mates.*
Editorial Molino

Hablamos

1. ¿Por qué no sirven los libros del monje?
   A. Las páginas están rotas.
   B. Sus esquinas son iguales.
   C. Los ángulos de las esquinas están mal.
   D. Las páginas se abren bien.

2. ¿Cómo explica el abad qué es un ángulo? ¿Cómo lo explicarías tú?

3. ¿Qué quiere decir que las esquinas de un libro son demasiado abiertas? ¿Y demasiado agudas? ¿Cómo son en realidad?

1 Ángulos y su medida

Cayetana está dibujando y midiendo ángulos.

Dos **rectas que se cortan en un punto**, dividen el plano en cuatro regiones llamadas **ángulos**.

El **vértice** de un ángulo es el punto donde se cortan las rectas.

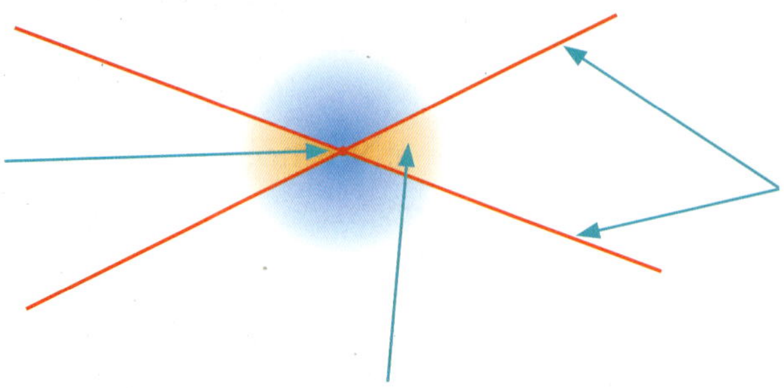

Los **lados** de un ángulo son dos semirrectas con un punto en común, el vértice.

La **amplitud** de un ángulo es la abertura de sus lados y se mide en **grados**.

Para medir la **amplitud** de un ángulo con **precisión**, utilizamos unidades menores que el grado: **minutos** y **segundos**.

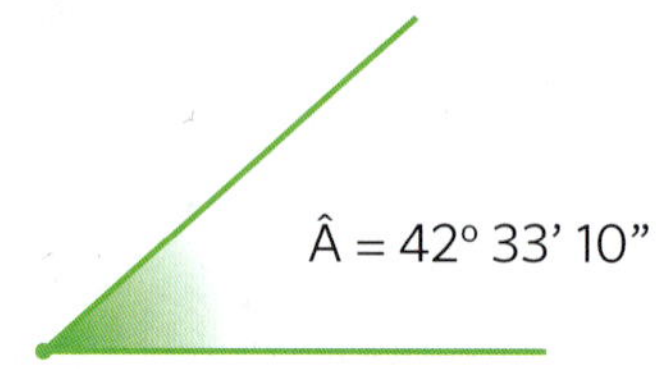

1 grado = 60 minutos ⟶ 1° = 60’

1 minuto = 60 segundos ⟶ 1’ = 60’’

El ángulo Â mide *cuarenta y dos grados, treinta y tres minutos y diez segundos*.

Podemos transformar estas unidades con estas operaciones:

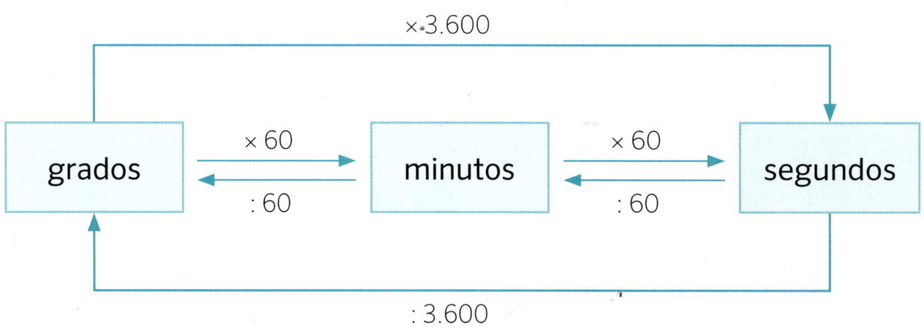

Para **medir ángulos** utilizamos **grados (°), minutos (’)** y **segundos (’’)**. Estas unidades forman parte del **sistema sexagesimal**, pues para pasar de unas a otras multiplicamos o dividimos por 60.

1 **grado = 60 minutos** | **1 minuto = 60 segundos** | **1 grado = 3.600 segundos**

1. Dibuja estos pares de rectas en tu cuaderno y prolóngalas. ¿Algunas de ellas forman ángulo?

Ten en cuenta

Si dos rectas no se cortan nunca, decimos que son **paralelas** y no pueden formar ángulo.

2 Copia los siguientes ángulos en tu cuaderno, indica sus partes y ordénalos de mayor a menor amplitud.

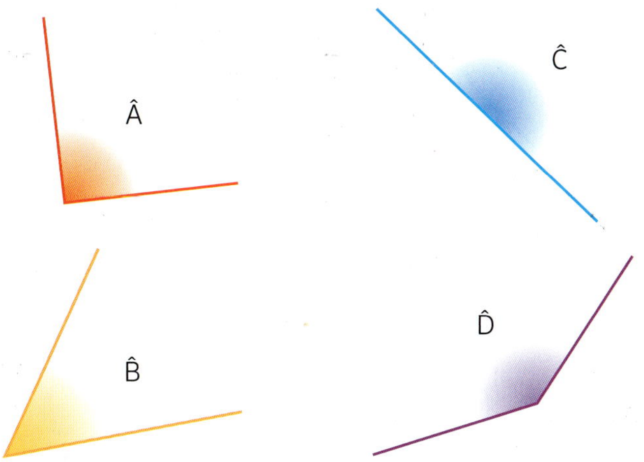

3 Escribe los siguientes ángulos con números.

a) Doce grados, dos minutos y cincuenta segundos.
b) Cien grados, cincuenta y siete minutos.
c) Ochenta y cuatro grados y treinta y tres segundos.

4 Ordena en tu cuaderno estos ángulos de menor a mayor amplitud.

36° 27' 12''   22° 7' 58''   28° 42'   36° 3' 25''

5 Transforma en la unidad que se indica.

40° = ●●● '   15' = ●●● ''

420' = ●●● °   7.200'' = ●●● °

6 Relaciona en tu cuaderno la medida de cada ángulo de la primera columna con la correspondiente de la segunda.

124°	8°
78°	7.440'
28.800''	4.680''

Taller de matemáticas manipulativas

Dibujar ángulos

1.° Dibujamos con una regla una semirrecta con origen el punto A.

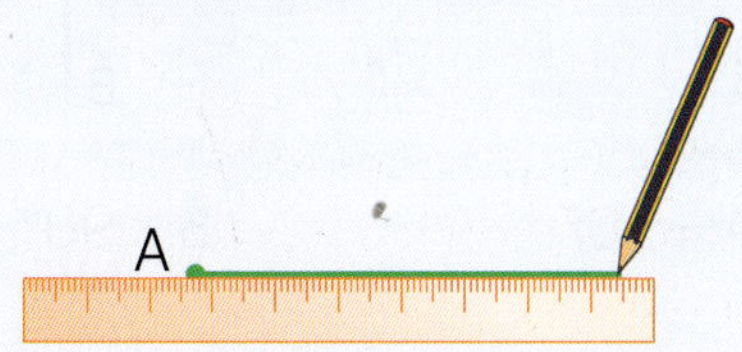

2.° Situamos el transportador con el centro en A y la semirrecta pasando por 0°.

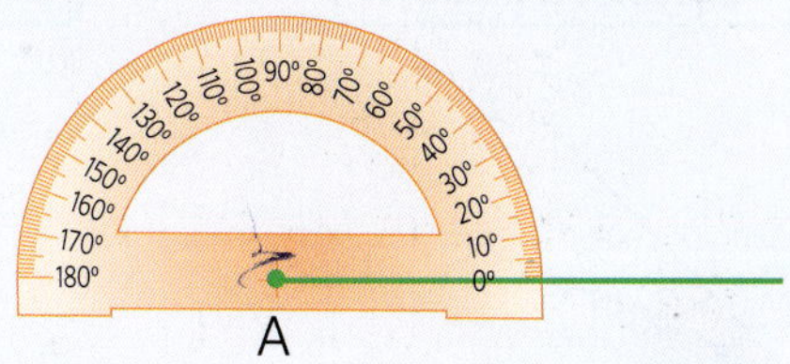

3.° Señalamos la medida del ángulo que queremos dibujar.

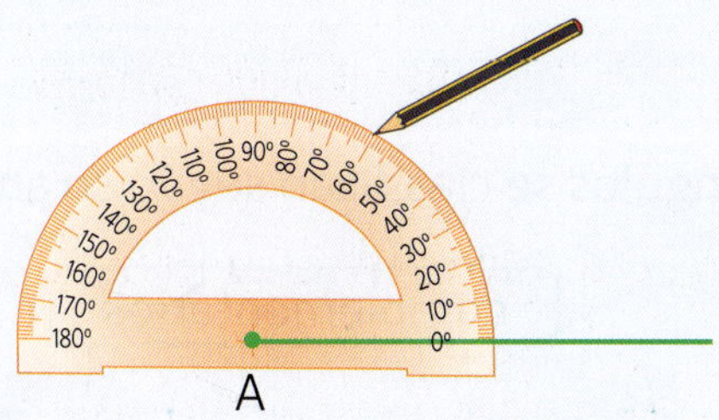

Marcamos en el transportador 60°.

4.° Unimos A con el punto señalado.

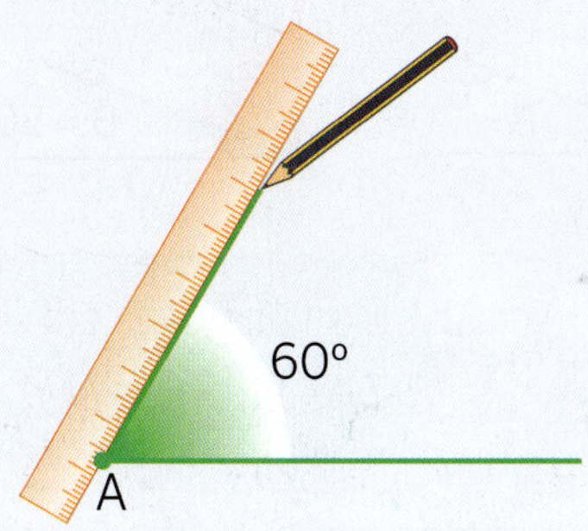

Ya hemos dibujado nuestro ángulo de 60°.

1 Dibuja en tu cuaderno los siguientes ángulos.

- Un ángulo de 45°
- Un ángulo mayor de 70°
- Un ángulo mayor de 110° y menor de 180°

Clasificación de ángulos

Los ángulos se clasifican según su amplitud en:

recto	agudo	obtuso	llano	completo
$\hat{A} = 90^\circ$	$\hat{B} < 90^\circ$	$90^\circ < \hat{C} < 180^\circ$	$\hat{D} = 180^\circ$	$\hat{E} = 360^\circ$

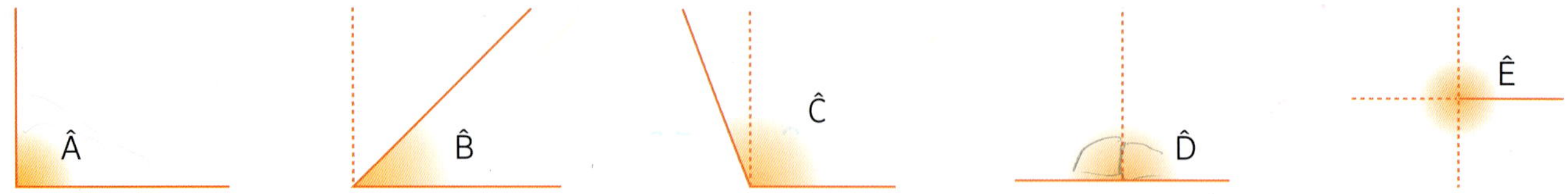

Dos ángulos se clasifican según su posición en:

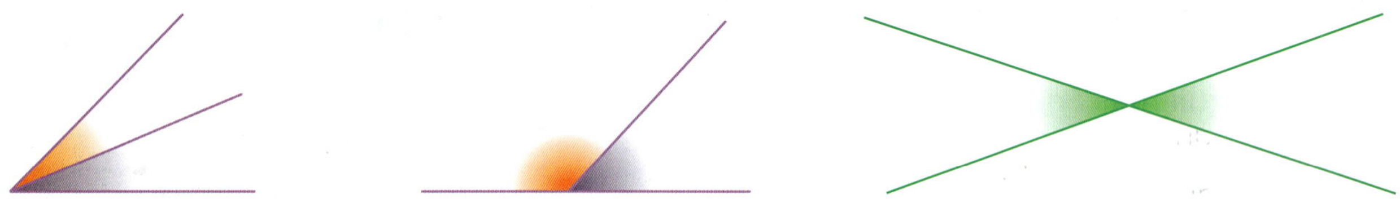

consecutivos: Tienen el vértice y un lado en común.

adyacentes: Son ángulos consecutivos que forman un ángulo llano.

opuestos por el vértice: El vértice es común y los lados de uno son la prolongación de los lados del otro.

Dos ángulos se clasifican según su amplitud en:

complementarios **suplementarios**

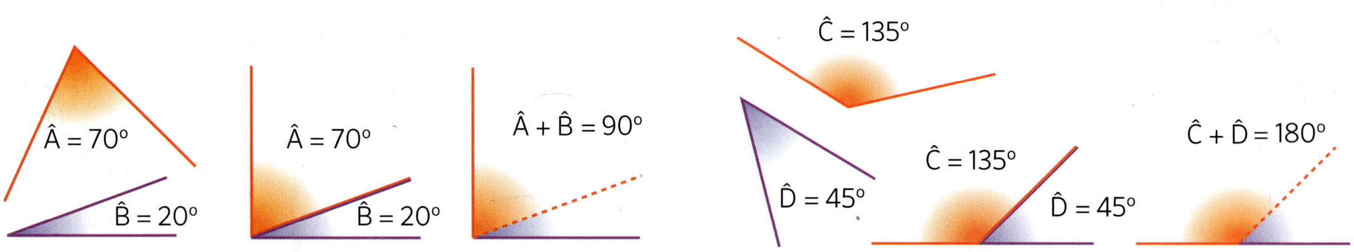

Dos ángulos son **complementarios** si suman 90°, es decir, un ángulo recto.
Dos ángulos son **suplementarios** si suman 180°, es decir, un ángulo llano.

7 Completa en tu cuaderno. Haz un dibujo en cada caso para comprobar tu respuesta.

- En un ángulo llano hay ••• ángulos rectos.
- En un ángulo completo hay ••• ángulos llanos y ••• ángulos rectos.
- El ángulo suplementario de un ángulo recto es un ángulo •••.

8 Dos ángulos adyacentes, ¿son complementarios? Explica por qué.

9 Copia los siguientes ángulos y utiliza el transportador.

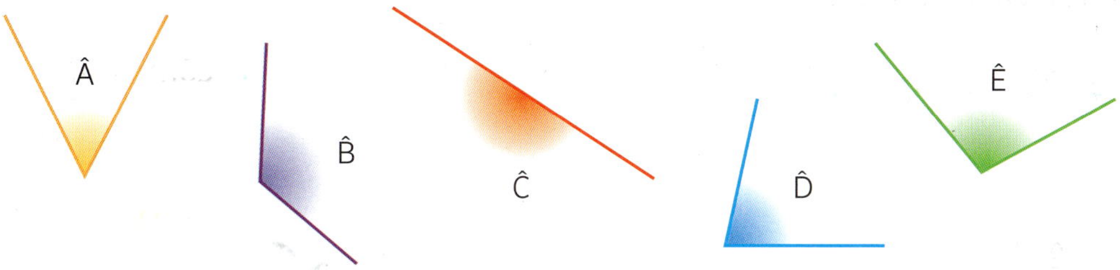

a) Clasifícalos según su amplitud.

b) ¿Cuánto mide el complementario de los ángulos Â y D̂?

c) ¿Cuánto mide el suplementario de los ángulos B̂ y Ê?

10 **¿Cuál de estas afirmaciones es verdadera? Haz un dibujo para confirmar tus respuestas.**

A. Dos rectas paralelas forman un ángulo recto.

B. La suma de un ángulo agudo y uno recto es menor que uno llano.

C. Dos rectas que se cortan siempre forman 4 ángulos iguales.

11 smSaviadigital.com **PRACTICA** Entra en la web y clasifica los ángulos que ves en los dibujos.

Problemas

12 **Observa la rosa de los vientos de la imagen. Es un círculo que tiene marcados los rumbos en que se divide el círculo del horizonte.**

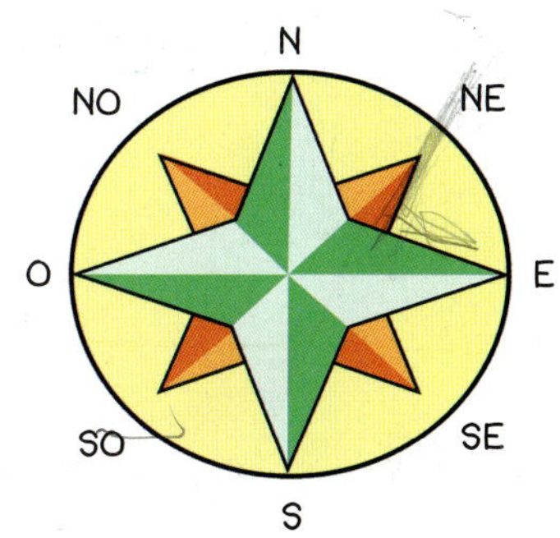

a) ¿Qué líneas de rumbo forman un ángulo recto? ¿Y un ángulo llano?

b) ¿Qué tipo de ángulo forman la línea del noroeste y la del este?

c) ¿Qué ángulo es mayor, el que forman las líneas noroeste y oeste o el que forman las líneas suroeste y sureste?

13 **¿De quién es cada reloj? Anótalo en tu cuaderno.**

Hace 5 min las agujas del reloj de Diego formaban un ángulo recto.

En media hora las agujas del reloj de Aurora formaran un ángulo llano.

Dentro de 25 min las agujas de reloj de Sara formaran un ángulo agudo.

Operar con grados, minutos y segundos.

Observa cómo sumamos dos ángulos conocidas sus amplitudes.

	grados	minutos	segundos
		1’	
	53º	15’	50”
+	25º	20’	14”
	78º	36’	~~64”~~
			4”

Si los segundos o los minutos suman 60 o más, los transformamos.

64” = 60” + 4” ⟶ 64” = 1’ + 4”

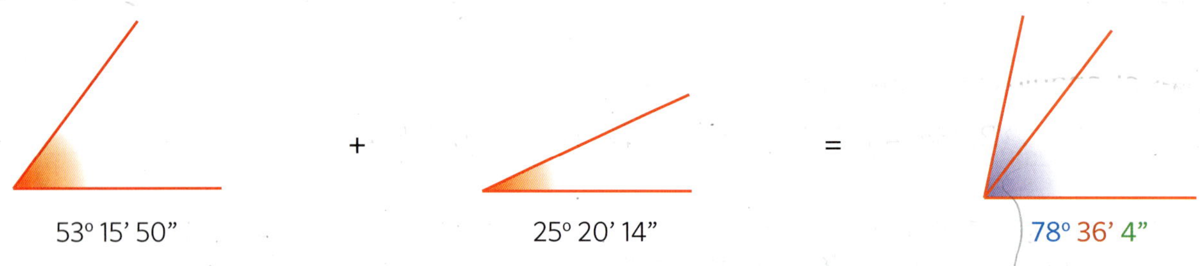

Del mismo modo, podemos restar dos ángulos conocidas sus amplitudes.

	grados	minutos	segundos
	113º	96’	
	~~114º~~	~~36’~~	4”
–	43º	42’	2”
	70º	54’	2”

Como 36 es menor que 42, transformamos 1 grado del minuendo en minutos.

114º = 113º + 1º ⟶ 114º = 113º + 60’

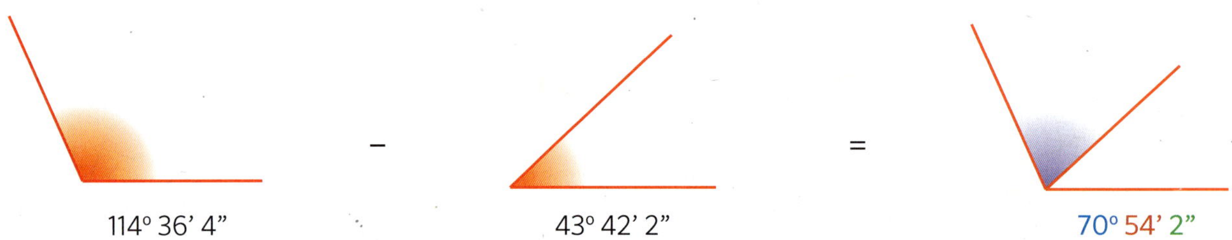

14 Copia en tu cuaderno y realiza estas operaciones.

	grados	minutos	segundos
	25º	37’	32”
+	11º	20’	19”
	•••	•••	•••

	grados	minutos	segundos
	78º	2’	36”
+	43º	38’	42”
	•••	•••	•••

	grados	minutos	segundos
	84º	23’	57”
–	32º	9’	40”
	•••	•••	•••

	grados	minutos	segundos
	137º	29’	9”
–	52º	16’	39”
	•••	•••	•••

15 Con la medida de estos ángulos, realiza las operaciones que se indican.

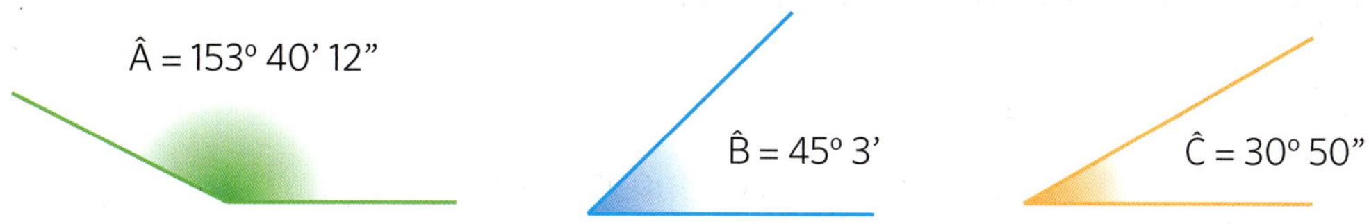

$\hat{A} + \hat{B}$ $\hat{A} - \hat{C}$ $\hat{B} + \hat{C}$ $\hat{A} + \hat{C} - \hat{B}$

16 ¿Son suplementarios los ángulos 90° 15' 59" y 88° 43' 1"? Explica por qué.

17 ¿Cuál es el ángulo complementario de 45° 15' 13"?

A. 43° 45' 47" B. 134° 44' 47" C. 44° 44' 47" D. 135° 45' 47"

18 Si sumas dos ángulos agudos, ¿el ángulo suma puede ser agudo? ¿Y recto? ¿Puede ser obtuso? ¿Y puede ser llano? Explica por qué.

19 sm**Savia**digital.com PRACTICA Entra en la web y realiza operaciones con grados, minutos y segundos.

Problemas

20 Un aspersor del jardín de Oscar se ha estropeado y solo gira 56° 24' 12". Si antes giraba 110° 32' 25", ¿qué parte del giro ya no realiza?

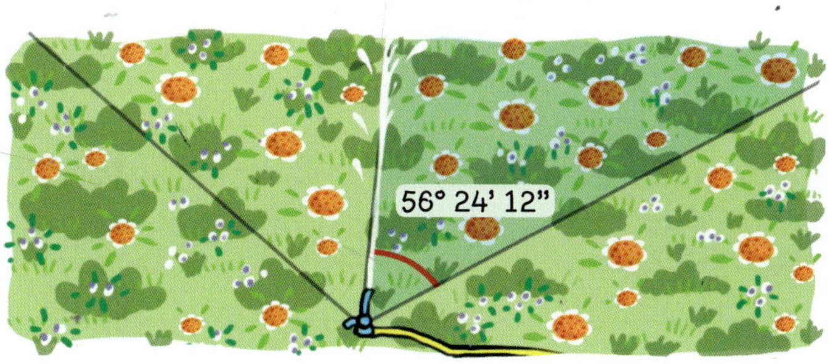

21 Observa estos abanicos y contesta.

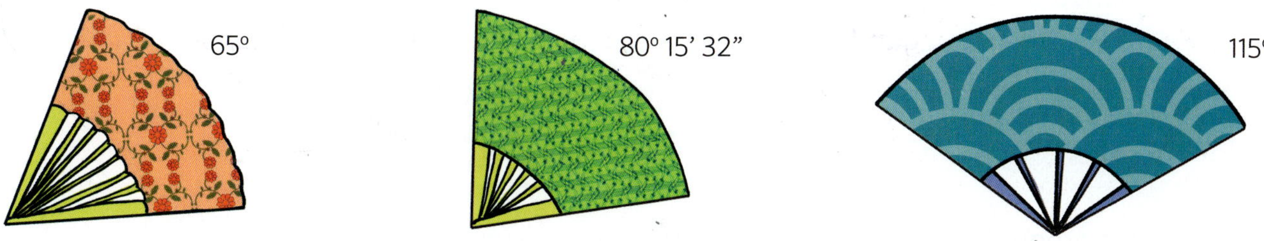

a) ¿Cuántos grados más hay que abrir el abanico azul para que mida 170° 30'?

b) ¿Cuántos grados le faltan al verde para formar un ángulo de 90°?

c) ¿Qué abanicos forman ángulos suplementarios? Explica por qué.

4 Mediatriz de un segmento y bisectriz de un ángulo

Observa cómo dibujamos la mediatriz de un segmento con regla y compás.

1.º Abrimos el compás algo más de la mitad de la longitud del segmento $\overline{AB}$ y trazamos un arco.

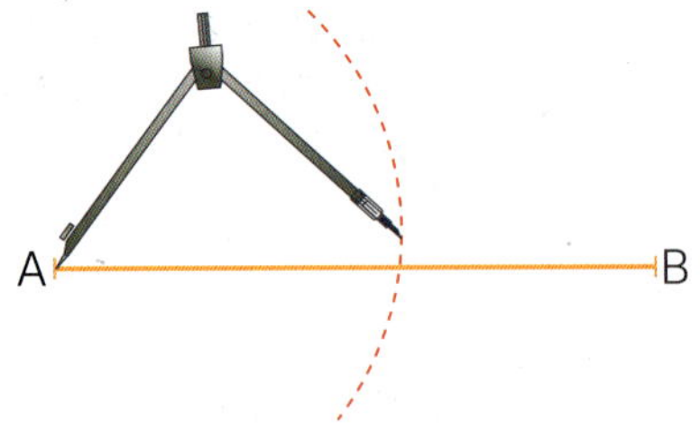

2.º Con la misma abertura en el compás, trazamos un arco desde el otro extremo del segmento.

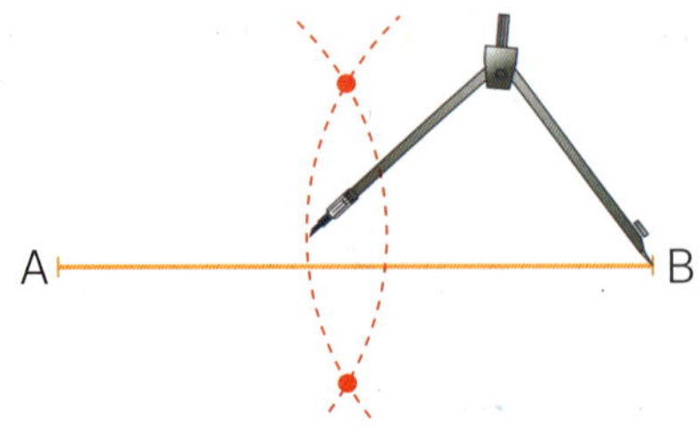

3.º Con la regla trazamos la recta que pasa por los dos puntos donde se cortan los arcos.

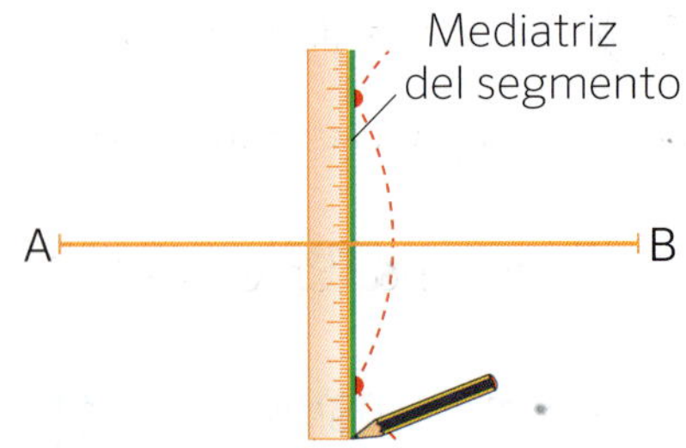

La **mediatriz de un segmento** es la recta que pasa por su punto medio y es perpendicular a él.

Observa cómo trazamos la bisectriz de un ángulo con regla y compás.

1.º Desde el vértice, trazamos un arco que corta los lados en dos puntos A y B.

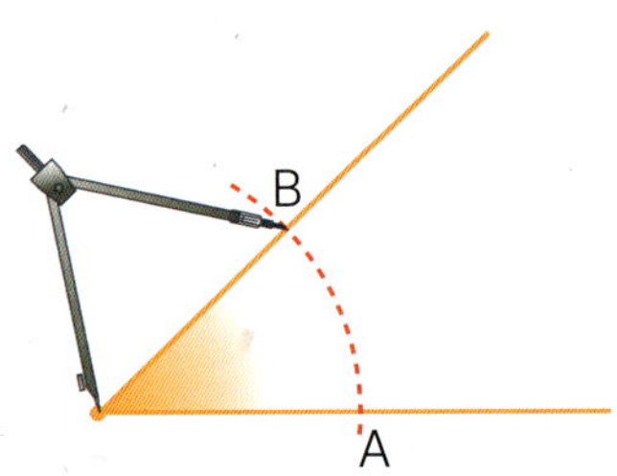

2.º Trazamos un arco desde A. Con la misma abertura, trazamos otro arco desde B.

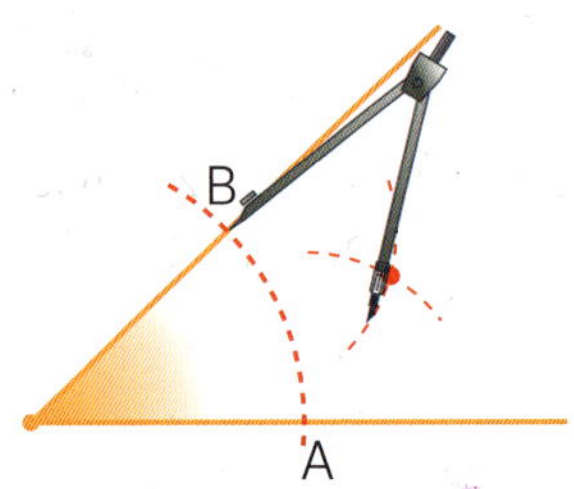

3.º Con ayuda de la regla, unimos el vértice con el punto de corte de los dos arcos.

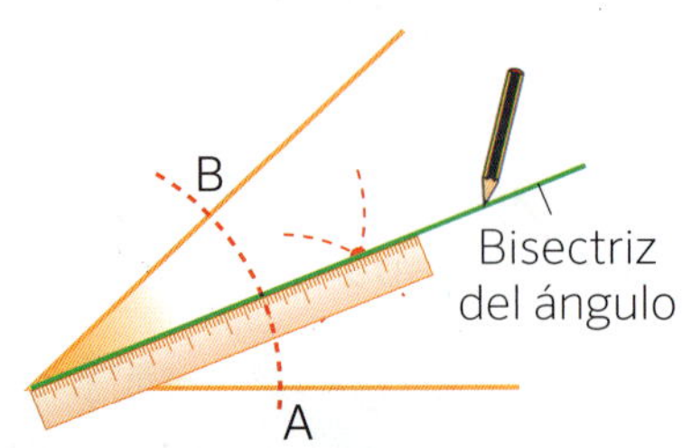

La **bisectriz de un ángulo** es la semirrecta que pasa por su vértice y lo divide en dos ángulos iguales.

22 Copia estos segmentos en tu cuaderno y traza sus mediatrices. Después, marca el punto medio de cada segmento.

23 Contesta a estas preguntas. Comprueba tus respuestas con un dibujo.

a) Un segmento mide 13 cm. ¿Cuánto miden los dos segmentos en que queda dividido al trazar su mediatriz?

b) Al trazar la mediatriz de un segmento se obtienen dos segmentos de 8,3 cm. ¿Cuánto medía el segmento inicial?

24 Dibuja en tu cuaderno un ángulo de 90°, otro, de 140°, y otro, de 60°. Traza la bisectriz en cada caso.

25 ¿Qué líneas puedes trazar para dividir un cuadrado en dos partes iguales? Comprueba tu respuesta con un dibujo.

A. La mediatriz de uno de los lados

B. La bisectriz de uno de los ángulos

C. Las dos respuestas anteriores

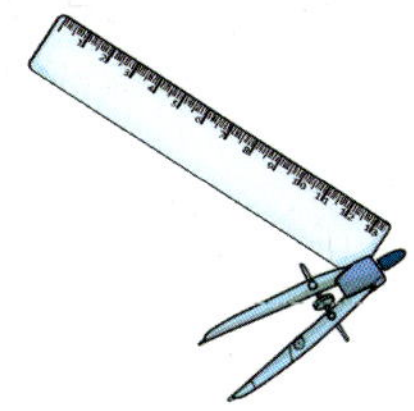

Haz lo mismo con estas figuras.

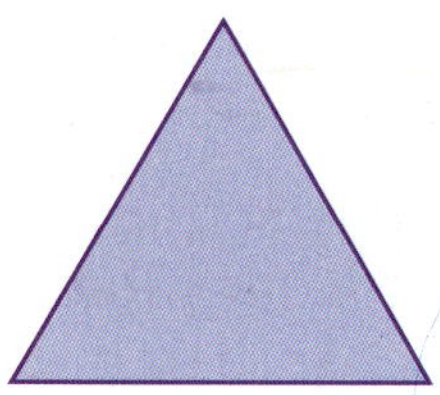

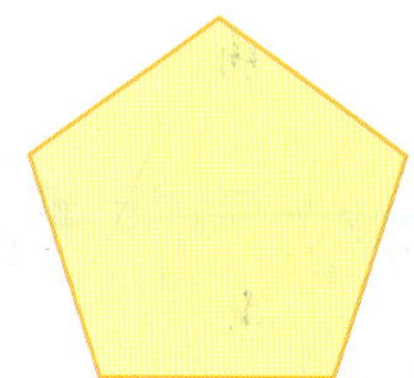

26 Observa este dibujo y contesta.

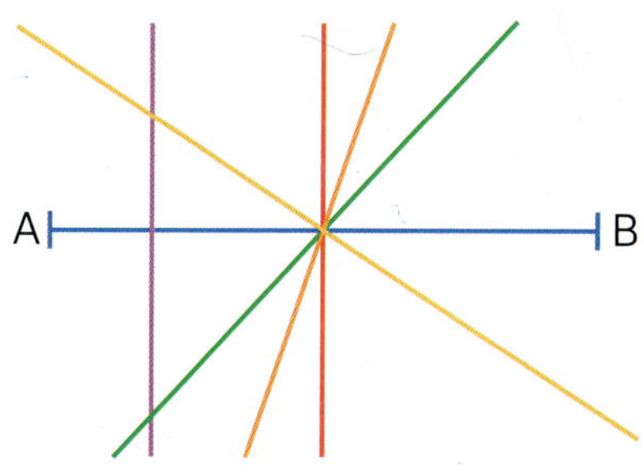

a) ¿Qué recta es la mediatriz del segmento $\overline{AB}$? Explica por qué.

b) El segmento $\overline{AB}$ mide 5,6 cm y M es el punto por donde pasa su mediatriz. ¿Cuánto miden los segmentos $\overline{AM}$ y $\overline{MB}$?

27 Si trazas la bisectriz de un ángulo llano, ¿cómo son los ángulos que se forman? Compruébalo con un dibujo en tu cuaderno.

28 Dibuja un segmento de 6 cm y traza su mediatriz. Después, marca un punto cualquiera de esa mediatriz. Mide con la regla la distancia de este punto a los extremos del segmento.

a) Toma un punto de la mediatriz distinto del anterior. Mide y anota su distancia a los extremos del segmento. ¿Qué observas?

b) Copia esta oración y completa los huecos con las palabras *segmento*, *extremos*, *puntos* y *mismo*.

> Los ••• de la mediatriz de un ••• distan lo ••• de los ••• del segmento.

29 Explica cómo dibujar el ángulo que mide la octava parte que uno de 120°, sin transportador y trazando solo bisectrices. Dibújalo en tu cuaderno.

¿Sabías que...?

Aunque, desde la antigüedad, muchos matemáticos lo han intentado, es imposible dividir un ángulo en tres ángulos iguales utilizando únicamente una regla y un compás.

Nota Utiliza el transportador solo para trazar el ángulo de 120°.

5 Simetrías, traslaciones y giros

Podemos mover figuras en el plano mediante simetrías, traslaciones y giros.

simetría

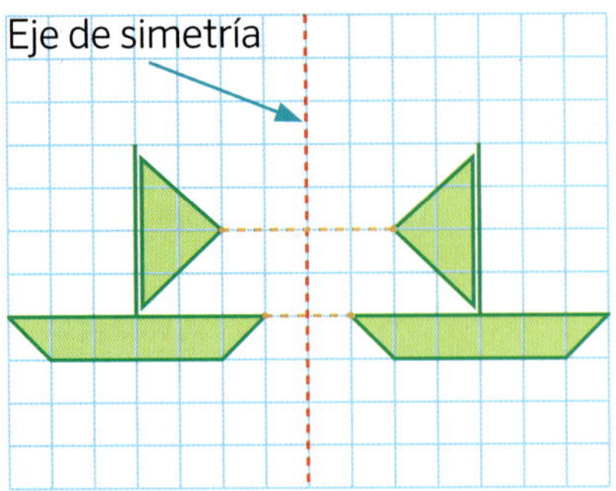

Las **figuras simétricas** respecto a una recta tienen la misma forma pero distinta orientación. La recta se llama eje de simetría.

traslación

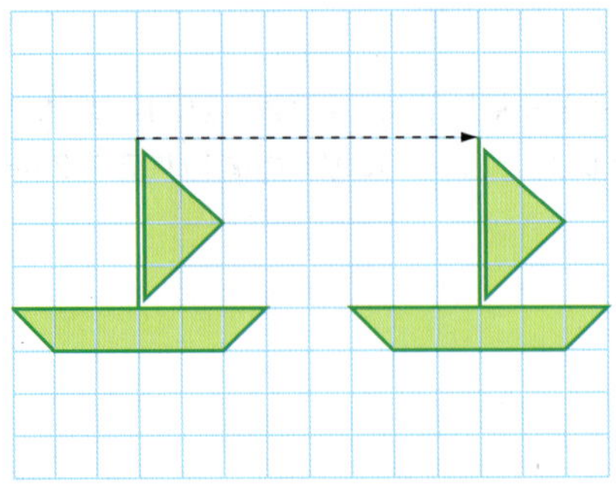

Las **figuras trasladadas** son iguales, pero sus puntos se han desplazado en la misma dirección.

giro

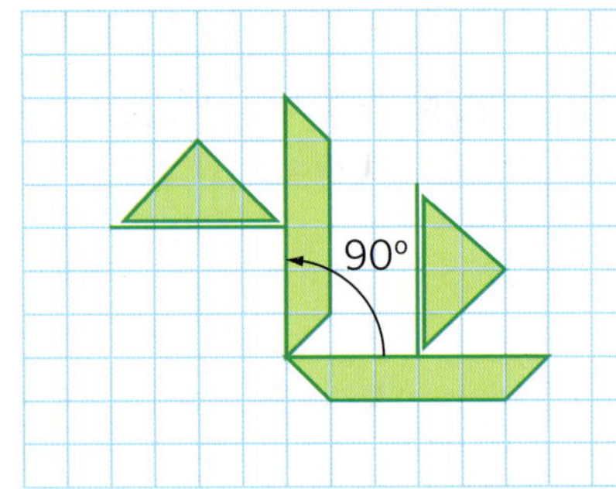

Las **figuras giradas** son iguales, pero sus puntos han rotado el mismo ángulo y en la misma dirección.

30 ¿Qué pareja de figuras no es simétrica respecto al eje de simetría? Razona tu respuesta.

31 Señala aquellas figuras en las que la línea discontinua sea un eje de simetría. Compara tu respuesta con la de un compañero.

Nota Una figura es **simétrica si al doblarla por el eje** coinciden las dos partes.

Una figura puede tener más de un eje **de simetría**.

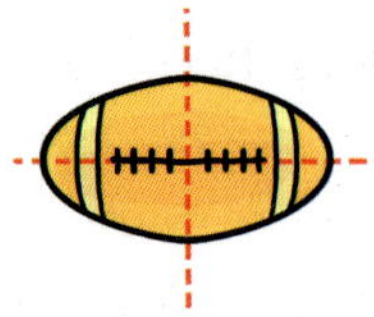

32 Piensa y contesta.

a) ¿Cuántos ejes de simetría tiene un triángulo equilátero?

b) ¿Y un cuadrado?

c) ¿Y cuántos crees que tiene un círculo? Explica tu respuesta.

33 ¿Qué movimiento ha sufrido la figura del dibujo?

A. Traslación a la izquierda

B. Traslación a la derecha

C. Giro

D. Ninguno de los tres anteriores

34 Observa estas figuras. Di cuál de ellas ha sufrido primero un giro y luego una traslación, y cuál ha sufrido primero una simetría y luego una traslación.

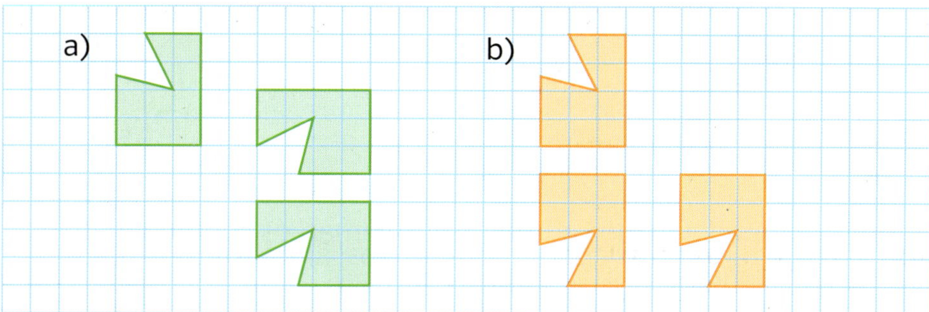

35 La primera figura ha sufrido un giro de 90° hacia la derecha, una traslación y una simetría, pero no sabemos en qué orden. Observa la cuadrícula y averígualo.

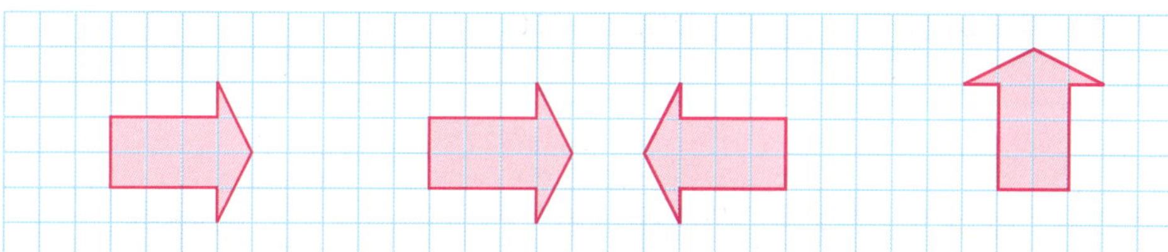

36 ¿Qué movimientos se han aplicado a la primera figura para obtener la tercera?

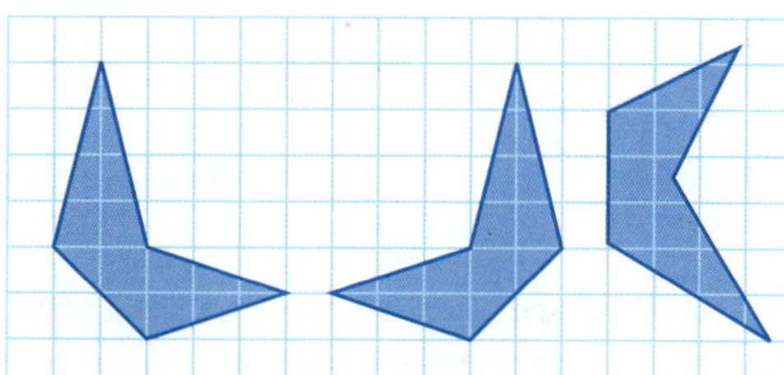

37 ¿Cuántos giros de 90° debe dar una figura para volver a su posición inicial?

¿Sabías que...?

M. C. Escher fue un artista holandés, famoso por sus obras en las que muestra mundos imaginarios y figuras imposibles, utilizando movimientos en el plano.

Problemas

38 Alba ha diseñado el escenario de un videojuego. Lo ha hecho trasladando, girando y realizando simetrías de figuras.

a) ¿Qué figuras se han trasladado?

b) ¿Cuáles son simétricas?

c) ¿A qué figura se le ha aplicado un giro de 90°?

6 Posición en el plano. Movimientos

Esther y Carlos van a visitar unas ruinas romanas. Deben caminar 3 km desde la estación de tren en dirección este y después 4 km en dirección norte. ¿En qué punto se encuentran las ruinas?

Para representar puntos en el plano se utiliza el **sistema coordenadas cartesianas**.

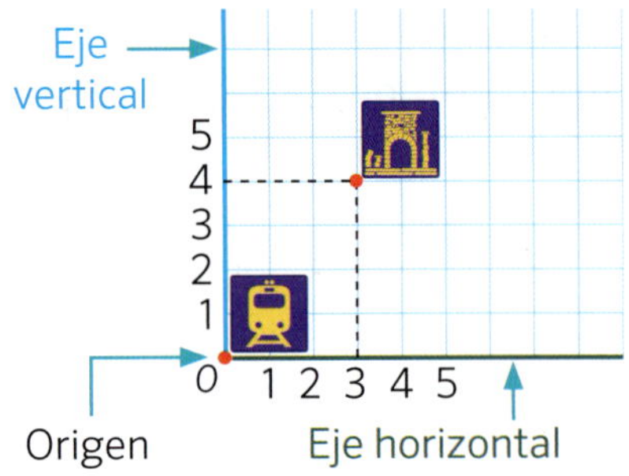

Cualquier punto del plano se representa mediante dos números que llamamos **coordenadas**.

- La estación está en el origen y sus coordenadas son (0, 0).
- Las ruinas romanas están en el punto (3, 4).

Observa que siempre se escribe primero la coordenada horizontal y en segundo lugar la vertical.

> Las **coordenadas cartesianas**, nos permiten representar y localizar puntos en un plano de forma sencilla.

39 Localiza las fuentes que hay en el parque y escribe las coordenadas de los puntos donde se encuentran.

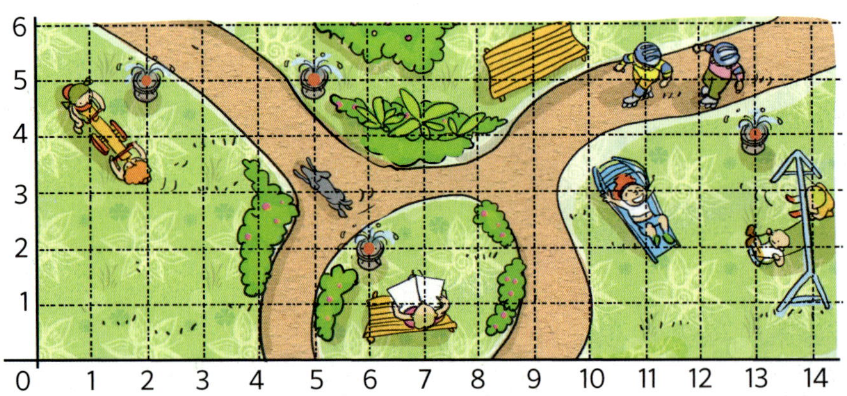

40 Copia la siguiente cuadrícula en tu cuaderno y representa los puntos que se indican.

A = (8, 3) B = (2, 6) C = (6, 5)

D = (3, 3) E = (7, 0) F = (0,2)

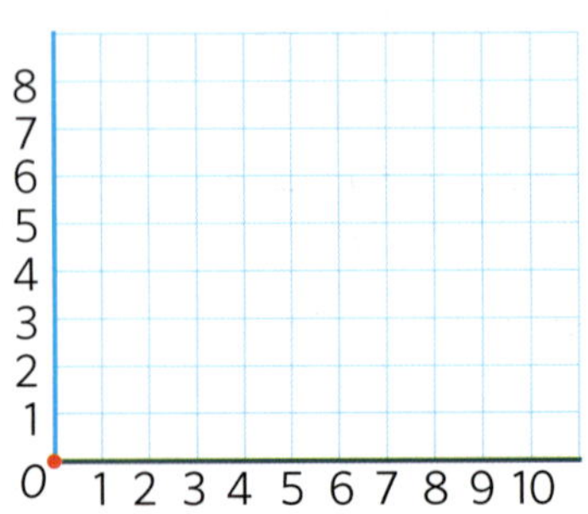

41 Dibuja una cuadrícula en tu cuaderno y representa los puntos que cumplan las siguientes condiciones.

a) Dos puntos que tengan la misma coordenada en el eje horizontal pero distinta coordenada en el eje vertical.

b) Dos puntos que tengan la misma ordenada pero distinta abscisa.

c) Dos puntos que se encuentren a la misma distancia del punto de coordenadas (4, 2).

Ten en cuenta

La coordenada horizontal se llama **abscisa** y la coordenada vertical se llama **ordenada**.

42 Copia la figura plana en tu cuaderno y realiza las actividades.

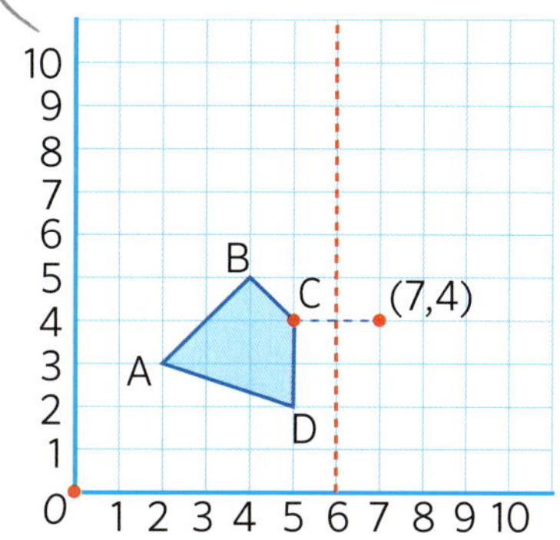

a) Clasifícala.

b) Indica las coordenadas de los puntos A, B, C y D.

c) Dibuja la figura simétrica respecto del eje rojo. ¿Cuáles son las coordenadas de los vértices del polígono simétrico?

c) Realiza una traslación vertical de tres unidades. Escribe las coordenadas de la nueva figura.

Problemas

43 Un grupo de amigos participa en una yincana. Tienen que encontrar una serie de pistas para poder llegar a la meta sin perderse.

a) El banderín rojo indica la salida. ¿En qué punto comienza la yincana?

b) La pista 1 está en el punto (10, 8) y la pista 2 está en el punto (8, 2). Encuéntralas.

c) La coordenada horizontal de la pista 3 es 5. ¿Cuál es su coordenada vertical?

d) ¿Cuál es la coordenada horizontal de la pista 4 si la vertical es 4 ?

e) Si la yincana termina cerca del lago, ¿cuáles son las coordenadas de la meta?

f) Indica las coordenadas de la pista número 5.

Problemas

Estrategia: Resolver paso a paso con un dibujo

Susana ha leído que las mediatrices y las bisectrices de un triángulo con los tres lados iguales se cortan en un mismo punto. Para comprobarlo, dibuja uno de 4 cm de lado y traza las mediatrices y las bisectrices. ¿Es cierto lo que ha leído?

- **¿Qué nos pide el problema?**

  Comprobar si las mediatrices y las bisectrices de un triángulo con los tres lados iguales se cortan en un mismo punto.

- **¿Qué datos necesitamos?**

  La longitud de los lados del triángulo: 4 cm.

- **¿Cómo se resuelve?**

  Representamos los datos con un dibujo.

1.º Dibujamos el triángulo.

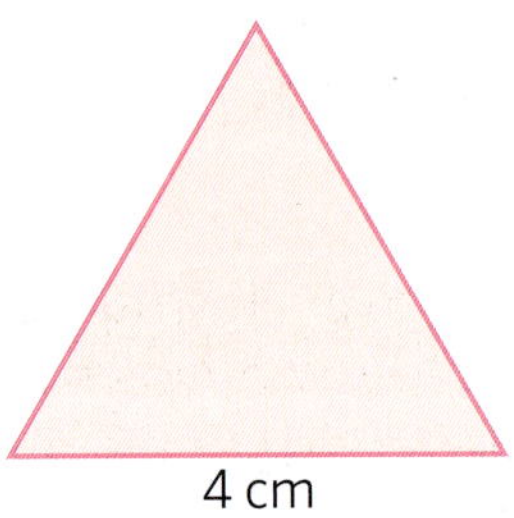

2.º Trazamos las mediatrices de sus lados.

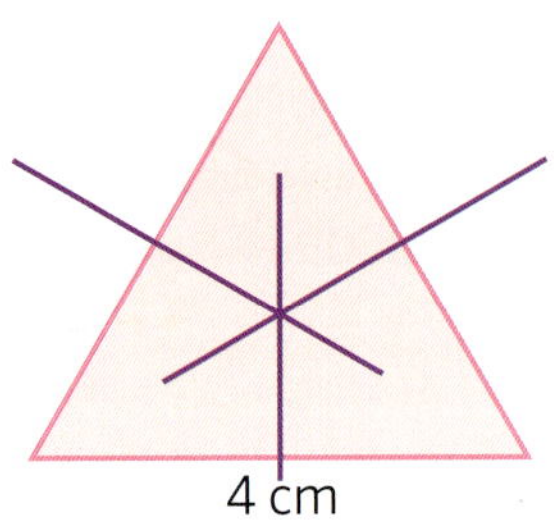

3.º Trazamos las bisectrices de sus ángulos.

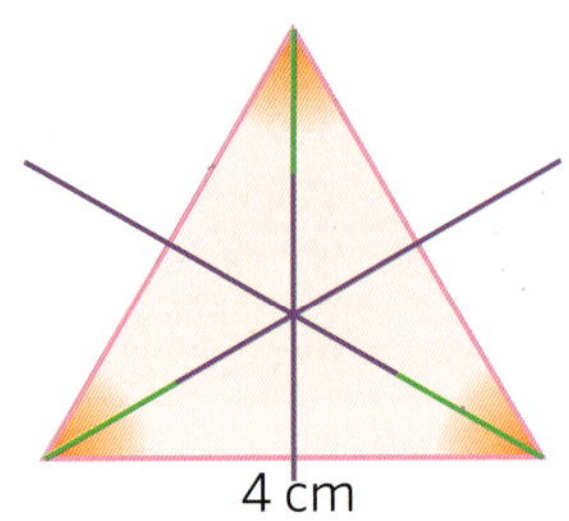

▶ **Solución:** Las mediatrices y las bisectrices de un triángulo con los lados iguales coinciden. Por tanto, se cortan en el mismo punto.

➲ Comprueba que si prolongas las mediatrices del triángulo, estas coinciden con las bisectrices.

1 Este triángulo tiene dos lados iguales de 3 cm y un ángulo recto. ¿Sus bisectrices y mediatrices se cortan en un mismo punto? Dibújalo.

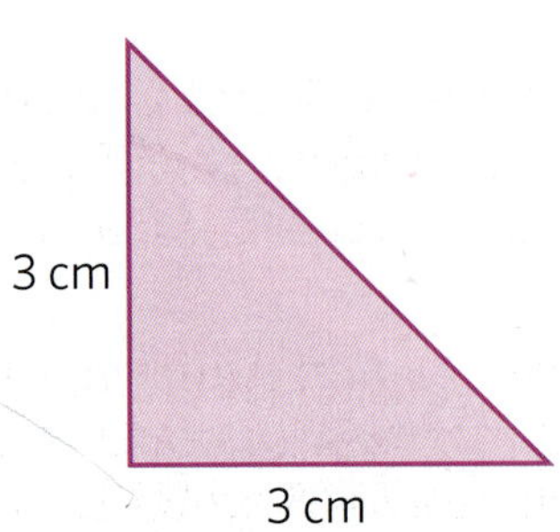

2 Dibuja un triángulo con un ángulo de 45° y otro de 70°. El lado que los une debe medir 6 cm. ¿Cuánto mide el otro ángulo? ¿Y si el lado mide 4 cm? ¿Y si mide 9 cm? Compara tu respuesta con la de un compañero. ¿Qué observáis?

3 Estefanía dibuja dos ángulos consecutivos. Uno mide 40°, y el otro, el doble. Después traza las bisectrices de los dos ángulos. ¿Qué ángulo forman entre sí las bisectrices?

smSaviadigital.com
RESUELVE PROBLEMAS Paso a paso en la web.

Utiliza tus estrategias

1 En el patio de un colegio van a poner papeleras:

- De color rojo en los rincones obtusos
- De color amarillo en el resto.

Copia el dibujo del patio y colócalas.

2 Dos hermanos han comprado una finca hexagonal y quieren dividirla en dos partes que sean simétricas. ¿Cuáles son las posibilidades? Dibuja tres de ellas en tu cuaderno.

3 ¿Qué número señalará el minutero después de cada uno de estos giros?

a) 90°   b) 360°   c) 270°   d) 180°

¿Qué ángulo recorre la manilla de las horas desde las 4 de la tarde hasta las 9 de la noche?

4 El jardín de Penélope tiene forma triangular. Uno de los ángulos mide 35°, y el otro, 60°. ¿Cuánto mide el tercer ángulo? Dibújalo en tu cuaderno.

A. 85°   B. 60°   C. 95°   D. 265°

5 ¿Cuánto miden los ángulos que forman los lados de esta cometa?

A. 110°, 100°, 10° y 5°

B. 100°, 100°, 150° y 40°

C. 110°, 110°, 80° y 60°

D. 200°, 200°, 90° y 60°

6 Dos ángulos consecutivos forman un ángulo de 140°. La amplitud del menor es 63° 6’ más pequeña que la del mayor. ¿Cuánto miden los ángulos?

A. 85° 33’ y 54° 27’   C. 111° 22’ y 22° 50’

B. 65° 45’ y 128° 51’   D. 101° 33’ y 38° 27’

Inventa un problema

7 Copia este plano y pon nombre a las calles. Luego inventa un problema cuya solución sea “son secantes pero no perpendiculares” y resuélvelo.

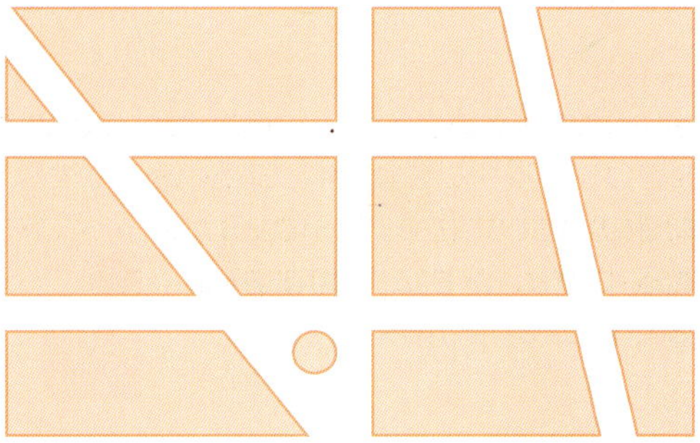

¿Tiene sentido?

8 Marga ha dibujado dos ángulos suplementarios cuyas amplitudes son 45° y 170°. ¿Es posible?

9 Juanjo traza la bisectriz de un ángulo recto. Obtiene un ángulo de 40° y otro de 50°. ¿La ha dibujado bien? Razona la respuesta.

10 Diana dibuja un segmento de 9 cm y traza su mediatriz. Luego traza otra mediatriz en cada uno de los segmentos obtenidos. ¿Es cierto que ahora el segmento está dividido en cuatro partes iguales?

Matemáticamente

Cálculo mental — Multiplicar por 9 y 99

72 × 9

72 → × 10 → 720 → − 72 → 648

$72 \times 9 = 72 \times 10 - 72 = 648$

72 × 99

72 → × 100 → 7.200 → − 72 → 7.128

$72 \times 99 = 72 \times 100 - 72 = 7.128$

1. Aplica las estrategias que acabas de aprender y resuelve estas operaciones en tu cuaderno.

27 × 9   25 × 99   33 × 9   42 × 99   50 × 9   61 × 99

2. Piensa y explica una estrategia para resolver estas operaciones. Después, aplícala.

35 × 8   18 × 98

3. En una sala de cine hay 45 niños y 58 niñas viendo una película en 3D. Si la entrada cuesta 9 €, ¿cuánto dinero ha recaudado la sala de cine en ese pase?

smSaviadigital.com
PRACTICA Utiliza esta estrategia de **cálculo mental**.

Retos matemáticos

1. Un domingo, por descuido, sonó el despertador. Medio dormido pude ver que la línea recta que une el 10 y el 4 era la bisectriz del ángulo que formaban las agujas del reloj. ¿A qué hora sonó el despertador?

2. ¿Puedes encajar estas tres piezas para formar una figura con 5 ángulos rectos?

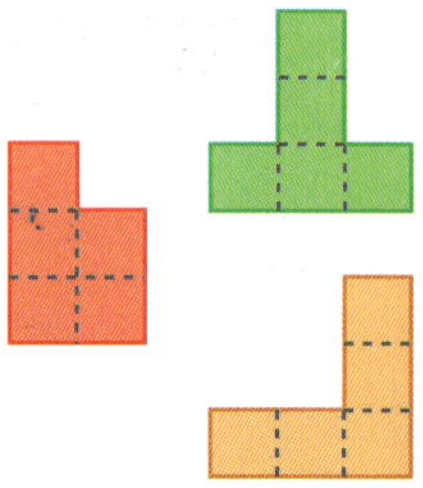

Repasa la unidad

Organiza tus ideas

Ángulos

grados, minutos y segundos

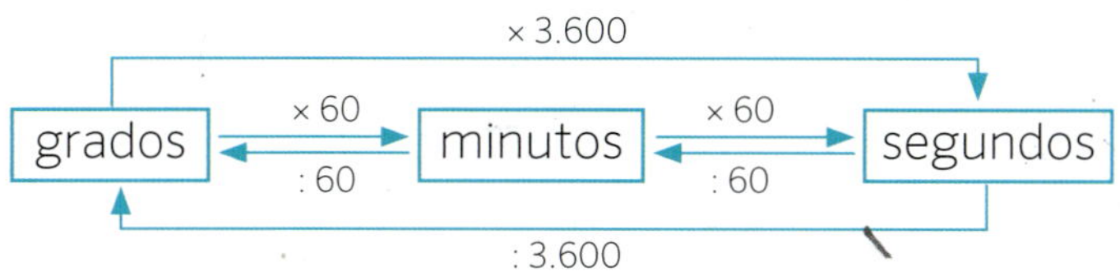

mediatriz

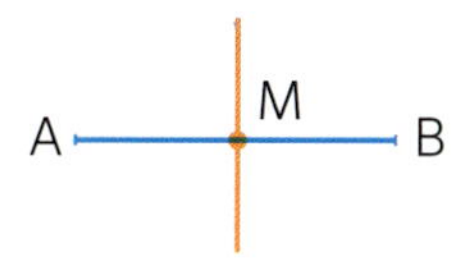

bisectriz

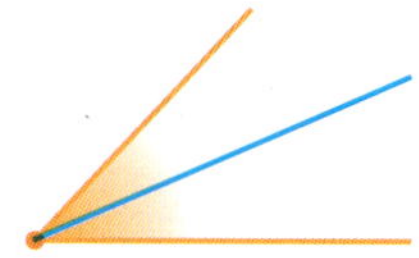

suma y resta

	grados	minutos	segundos
		1'	
	53°	15'	50"
+	25°	20'	14"
	78°	36'	~~64"~~
			4"

	grados	minutos	segundos
	113°	96'	
	~~114°~~	~~36'~~	4"
−	43°	42'	2"
	70°	54'	2"

movimientos en el plano

coordenadas cartesianas

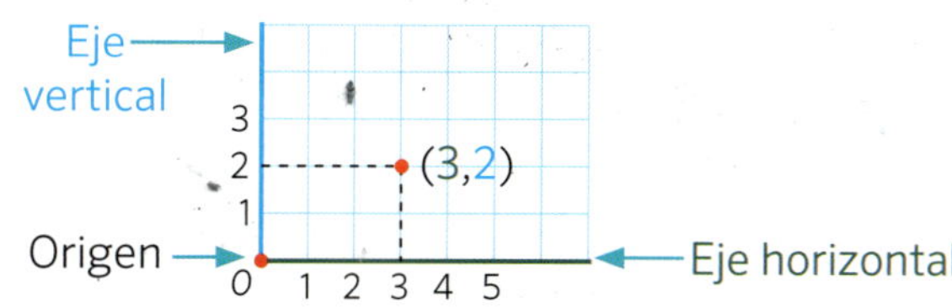

1 Clasifica los ángulos del dibujo según su amplitud. Después, mídelos con el transportador.

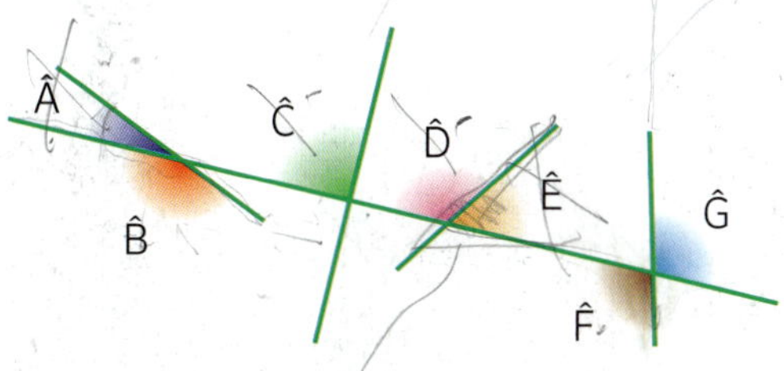

2 Realizas las siguientes operaciones.

62° 23' 41" + 17° 54' 10"

141° 37' 12" – 62° 22' 30"

3 ¿Todos los ángulos consecutivos son adyacentes? Explica por qué.

4 Representa en unos ejes de coordenadas los puntos: (1 , 3), (3, 2) y (0, 3).

5 ¿Qué movimientos se han aplicado a la casa?

Problemas

6 Carla divide una tarta circular en 8 trozos iguales. ¿Qué ángulo forma cada trozo? ¿Y si la divide en 6 partes?

Vocabulario matemático

7 Empareja estas palabras y explica cuál es la relación de cada par.

mediatriz ángulo bisectriz segmento

smSaviadigital.com

VALORA LO APRENDIDO Comprueba lo que sabes en la **autoevaluación**.

Repasa las unidades

1 Escribe con cifras.

tres millones trescientos mil trece

quince mil quince coma quince

siete doceavos

2 Copia y, si es necesario, coloca paréntesis para que se cumplan las igualdades.

$5 \times 10 + 21 - 9 : 3 = 68$

$5 \times 10 + 21 - 9 : 3 = 152$

$5 \times 10 + 21 - 9 : 3 = 54$

3 Calcula los divisores de 68 y 102. ¿Tienen divisores comunes?

4 ¿Qué fracción de esta figura ocupa cada color? Ordénalas de menor a mayor y escribe dos fracciones equivalentes a cada una.

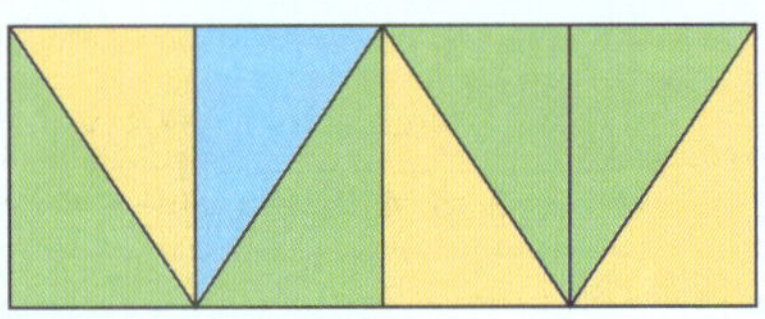

5 Estima los resultados de estas operaciones redondeando cada término a las unidades.

$879{,}4 + 1.568{,}37 + 78{,}125$ $\quad 200 - 3{,}264$

$37{,}84 \times 5{,}65$ $\quad 51.774{,}45 : 0{,}91$

6 Completa estas operaciones en tu cuaderno.

$15 \times$ ●●● $= 22{,}5$ $\quad 88{,}8 :$ ●●● $= 37$

●●● $\times 28 = 14{,}28$ $\quad$ ●●● $: 7{,}3 = 45$

7 Expresa de forma compleja.

12.560 g $\quad$ 3.115 dℓ $\quad$ 63.106 m $\quad$ 5.005 kg

8 Resuelve estas operaciones.

1 h 15 min 23 s + 45 min 52 s

4 h 52 s – 3 h 27 min 55 s

9 ¿Cuánto miden dos ángulos iguales que son complementarios? ¿Y dos ángulos iguales suplementarios? Dibújalos en tu cuaderno.

Problemas

10 Fíjate en los planos de estas ciudades.

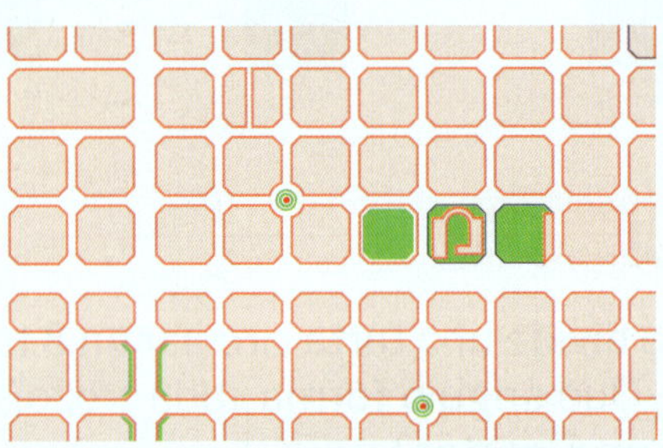

a) Busca calles paralelas y secantes. ¿Qué semejanzas y qué diferencias encuentras?

b) Busca dos casos en que las calles formen ángulos adyacentes y opuestos por el vértice. ¿Cuánto miden los ángulos? Clasifícalos según su amplitud.

c) Una de las ciudades se construyó hace 1.450 años aproximadamente y la otra, en el año 1982. ¿Cuántos siglos es una más antigua que la otra?

d) ¿Cuál crees que es el plano de la más antigua? Explica por qué.

Ponte a prueba

Conoce el arte

1. ¿Puedes localizar en el cuadro ejemplos de las distintas posiciones entre dos rectas? Explica cuáles son.

2. Elige un ángulo agudo y otro obtuso. ¿Cuánto crees que mide cada uno? Comprueba tu respuesta con un transportador.

3. Observa los ángulos coloreados en azul, en la parte izquierda del cuadro. ¿Cómo son esos ángulos?

   A. Consecutivos C. Completos

   B. Adyacentes D. Opuestos por el vértice

W. KANDINSKY: *Composición VIII*, 1923

4. ¿Te parece adecuado el título de la pintura? ¿Por qué? Realiza una breve descripción de esta obra para el catálogo de una exposición.

Tarea final **Dibuja el plano de un monasterio**

PASO 1 En una hoja A3, traza una cuadrícula como esta, que será el plano de un monasterio.

PASO 2 Sitúa la biblioteca en el punto (1, 4), la cocina en el (3, 2) y la capilla en el (7, 6).Dibuja los pasillos que las unen.

PASO 3 Señala estos elementos.

- El ángulo que forman los pasillos de la cocina y su bisectriz.
- La mediatriz del pasillo que une la cocina y la capilla.
- El punto donde se cortan las rectas anteriores. Sitúa allí el huerto.
- El complementario del ángulo de los pasillos de la biblioteca.

PASO 4 Intercambia tu plano con un compañero. Describe cómo ir de la cocina al huerto.

PASO 5 ¿Se puede mejorar el plano de tu compañero? Escucha de forma asertiva los cambios que te propone a ti.

smSaviadigital.com
VALORA LO APRENDIDO **¿Cómo has trabajado** en esta tarea?

unidad 10

Figuras planas

¡Qué importante es... el respeto!

Cada persona es única y peculiar, tiene su particular modo de ser, sus costumbres y su propia manera de entender la vida. Por muy extraña que pueda parecernos, merece respeto y su opinión es tan válida como la nuestra.

Tarea final

Al final de la unidad, debatirás con tus compañeros sobre cómo se crearon los mosaicos de La Alhambra a partir de figuras planas, y podrás practicar el respeto a la opinión de los demás. Antes, debes buscar en tu entorno cotidiano imágenes de las figuras que estudies a lo largo de la unidad.

Mordiscos geométricos

Tuga, la famosa tortuga de la sabana, acaba de tener 52 hijas. Sus crías han roto el cascarón y han salido disparadas a hacer su vida. Pero sus costumbres no gustan a algunos animales de la selva, como a las lagartijas, que chismorrean sobre Tuga y sus hijas Tercera y Quinta.

—Y, además, mira que son raras... Andan por ahí siempre haciendo cosas extrañas... Hasta para comer comen raro.

—Ya ves. Pero es que la madre tampoco es muy normal...

Lo de que comían raro era una alusión a Tercera y a Quinta. Cerca de allí había un prado de hierba tierna. En lugar de mordisquearla como habían hecho siempre las tortugas, comenzando por un sitio y terminando por otro, trazaban líneas con sus bocas, componiendo figuras geométricas como CÍRCULOS, CUADRADOS, RECTÁNGULOS y ROMBOS.

Luego, se subían a una piedra y contemplaban las figuras desde lo alto, y empezaban a medir en decímetros, centímetros y milímetros sus LADOS y sus DIAGONALES. Y encontraban algunas relaciones muy curiosas.

RICARDO GÓMEZ: *Las hijas de Tuga.* Editorial Alfaguara

Hablamos

1. ¿Por qué creen las lagartijas que las tortugas son raras?
2. Dibuja en tu cuaderno las figuras que quedan en el prado cuando las tortugas terminan de comer.
3. Elige una figura y señala sus lados y sus diagonales. ¿Encuentras alguna relación curiosa? ¿Hay alguna figura en la que no puedan trazarse ni lados ni diagonales? ¿Cuál?

1 Los polígonos

El espejo de la habitación de Nuria tiene forma de polígono. Su marco forma una línea poligonal cerrada. Sus lados miden 30 cm, por tanto, su perímetro es 30 cm × 6 = 180 cm.

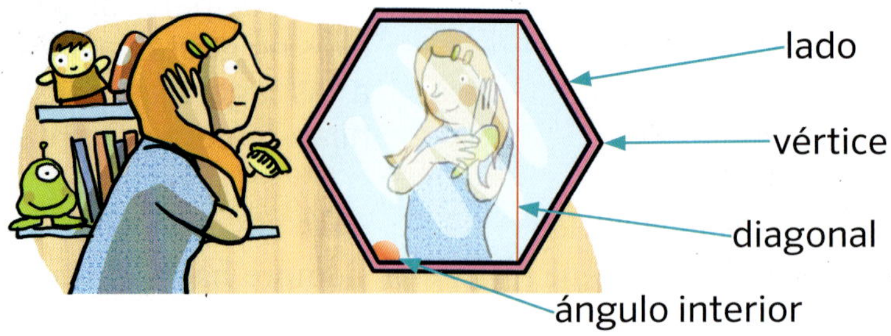

Un **polígono** es una figura plana formada por una línea poligonal cerrada y por su interior.
El **perímetro** de un polígono es la suma de las longitudes de todos sus lados.

Según su **número de lados**, los polígonos pueden ser:

triángulo

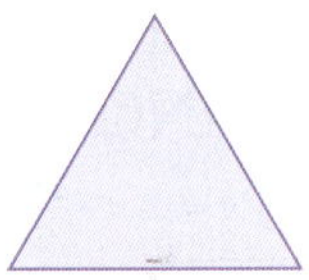

3 lados

cuadrilátero

4 lados

pentágono

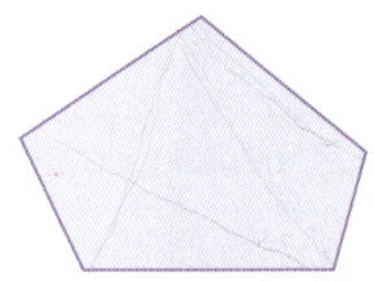

5 lados

hexágono

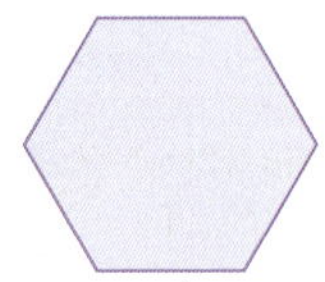

6 lados

heptágono

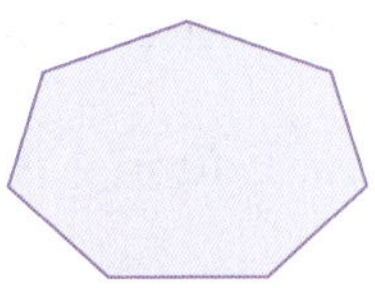

7 lados

octógono

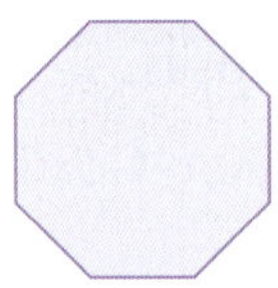

8 lados

eneágono

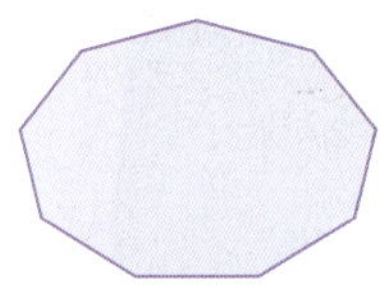

9 lados

decágono

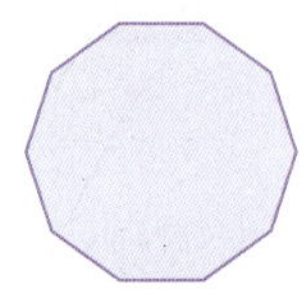

10 lados

Un **polígono** es **regular** si todos sus lados y todos sus ángulos son iguales entre sí.

1. ¿Cuáles de estas figuras de cartulina tienen forma de polígono? ¿Cuáles son cóncavos? ¿Cuáles son regulares?

Nota Un **polígono** es **convexo** si sus ángulos interiores son menores de 180°. Un **polígono** es **cóncavo** si algún ángulo interior es mayor de 180°.

2. ¿Cómo calcularías el perímetro de tu libro de matemáticas? ¿Y el de la puerta de tu aula?

3 ¿Cuál es el perímetro de esta piscina?

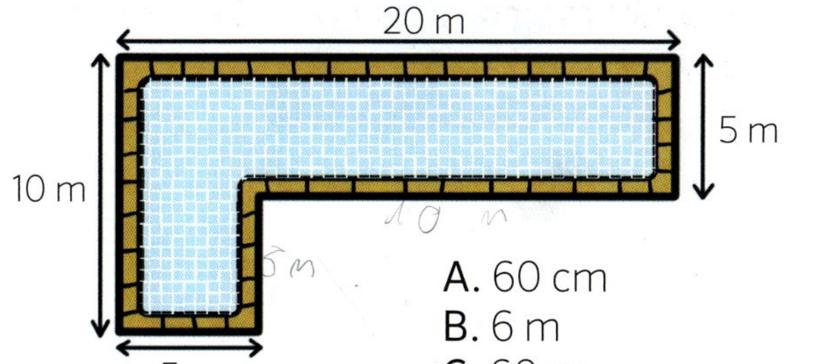

A. 60 cm
B. 6 m
C. 60 m
D. 600 m

4 ¿Cuál es el único polígono que no tiene diagonales? Razona tu respuesta con la ayuda de un dibujo.

5 smSaviadigital.com PRACTICA Entra en la web y, según su número de lados, señala los polígonos que se indican.

Problemas

6 Observa estas señales de tráfico.

a) ¿Qué tipo de polígono es la señal de STOP? ¿Y la de CEDA EL PASO?

b) El lado de la señal de STOP mide 42,43 cm. ¿Cuál es su perímetro?

c) ¿Y el de la señal de CEDA EL PASO si cada uno de sus lados mide 0,35 m?

7 Para decorar la clase en primavera, los alumnos están haciendo flores de papel. Para ello, recortan un hexágono regular y le añaden un cuadrado en cada uno de sus lados.

a) El hexágono que dibujan tiene un perímetro de 42 cm. ¿Cuánto mide el lado?

b) ¿Cuánto mide el perímetro de los cuadrados que forman los pétalos?

Taller de matemáticas manipulativas

Construcción de un hexágono regular

1.º Tomamos con el compás una medida de 5 cm y dibujamos una circunferencia..

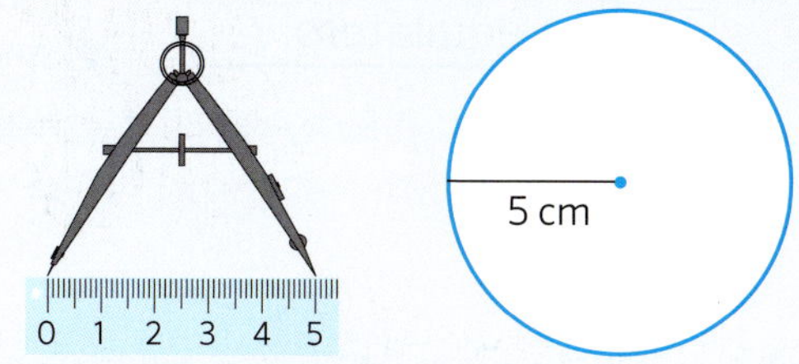

2.º Pinchamos sobre un punto de la circunferencia y trazamos un arco con esa medida. Llamamos A al punto de corte.

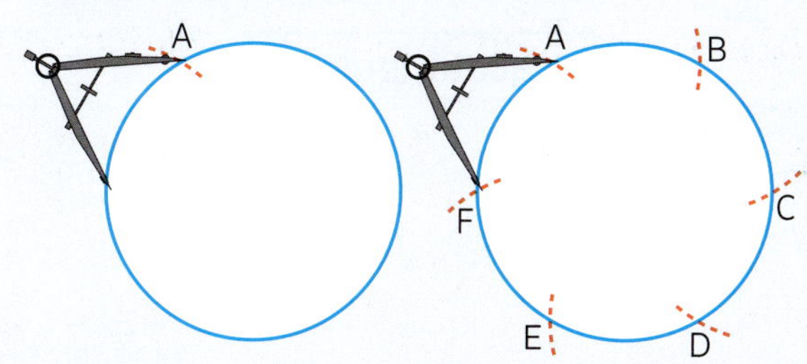

Observa que desde A trazamos un nuevo arco que llamamos B. Repetimos hasta volver al primer arco trazado, A.

3.º Unimos en orden todos los puntos marcados utilizando la regla.

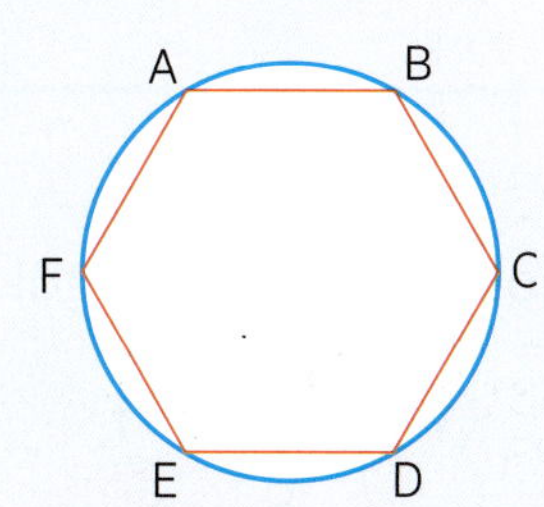

Observa que la figura obtenida es un hexágono regular.

1 Dibuja un hexágono regular en tu cuaderno de esta manera y utiliza el transportador para medir sus ángulos.

2 ¿Cuál es el perímetro del hexágono? ¿Cómo lo has calculado?

3 ¿Sabrías construir un polígono regular de 12 lados partiendo del hexágono regular? Explica los pasos.

2 Los triángulos

Esta señal de tráfico tiene forma de triángulo.

Los **triángulos** son polígonos que tienen **3 lados**.

- **Según sus lados**, los triángulos se clasifican en:

equilátero	isósceles	escaleno
3 lados iguales	2 lados iguales	ningún lado igual

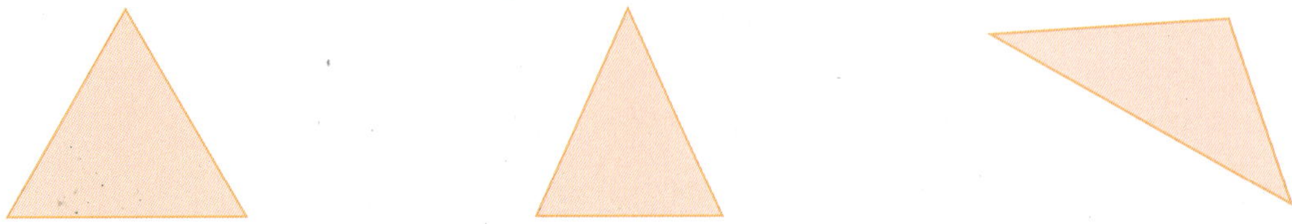

- **Según sus ángulos**, los triángulos se clasifican en:

acutángulo	rectángulo	obtusángulo
3 ángulos agudos	1 ángulo recto	1 ángulo obtuso

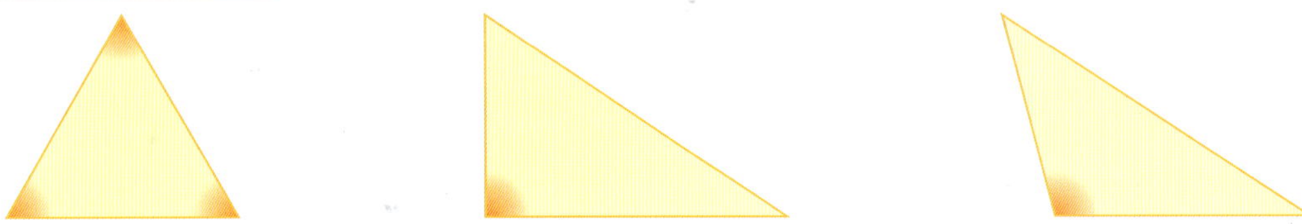

En un **triángulo rectángulo**, los dos lados que forman el ángulo recto se llaman **catetos** y el otro lado, **hipotenusa**.

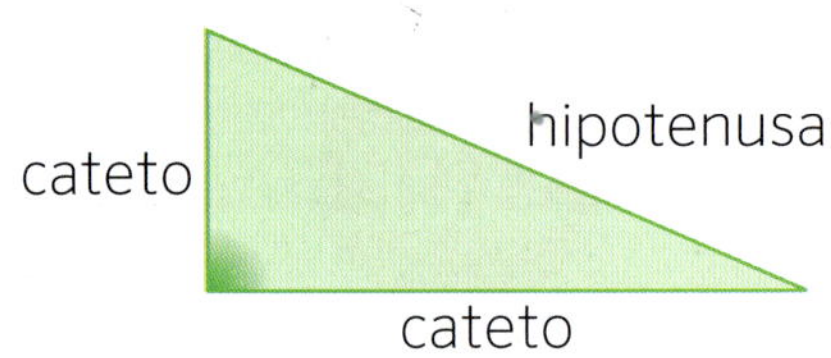

8 Mide los lados de estos triángulos y clasifícalos.

9 Observa los ángulos de estos triángulos. ¿Puedes decir de qué tipo son?

10 Copia los triángulos rectángulos de la actividad anterior y nombra sus lados.

11 ¿Cuál de estos triángulos tiene un perímetro mayor? Justifica tu respuesta.

Un triángulo equilátero cuyos lados miden 5,65 cm.

Un triángulo equilátero de 17,1 cm de perímetro.

Un triángulo escaleno cuyos lados miden 4,7 cm, 6,5 cm y 5,8 cm.

12 Observa el triángulo y los ángulos marcados de esta figura.

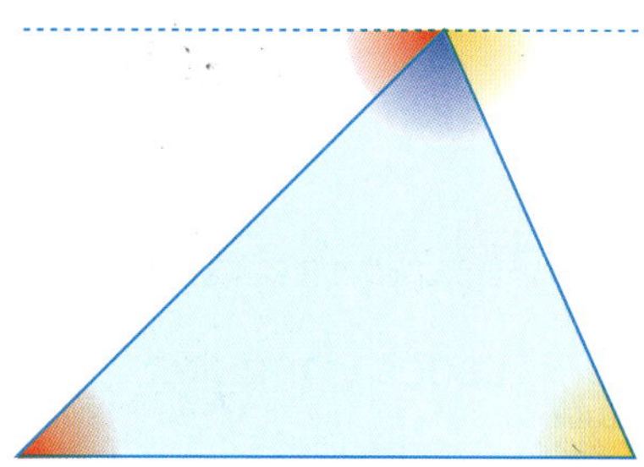

a) Los ángulos que tienen el mismo color son iguales. ¿Cómo podrías comprobarlo?

b) ¿Cuánto suman los tres ángulos dibujados encima del triángulo?

c) Entonces, ¿cuánto suman los ángulos interiores del triángulo?

d) Dibuja un triángulo y comprueba con el transportador cuánto suman sus tres ángulos interiores. ¿Sucede siempre?

13 Dibuja en tu cuaderno.

a) Un triángulo rectángulo e isósceles

b) Un triángulo escaleno acutángulo

c) Un triángulo isósceles obtusángulo

14 ¿Puedes saber la medida de los ángulos del triángulo grande conociendo lo que miden los ángulos del pequeño? Explica por qué.

Nota: Calca y recorta los dos triángulos para comparar sus ángulos.

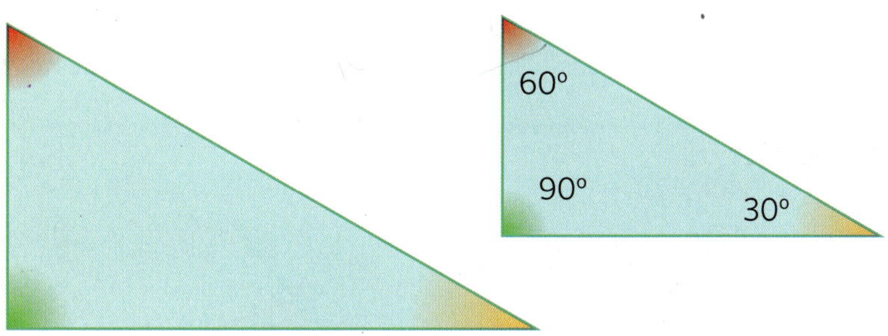

15 Observa esta hoja de cuaderno. ¿Qué triángulos debes retirar para que no haya ninguno encima de otro?

Problemas

16 Berta quiere cortar una tela en forma de triángulo isósceles para utilizarla de pañuelo. Según sus cálculos, debe tener 1,64 m de perímetro y que el lado desigual mida 70 cm. ¿Podrías decir cuánto miden sus lados?

3 Los cuadriláteros

Esta cometa tiene forma de cuadrilátero.

Los **cuadriláteros** son polígonos que tienen 4 lados y se clasifican en **paralelogramos** y **no paralelogramos**.

- Los **paralelogramos** tienen los **lados paralelos 2 a 2**.

cuadrado	rectángulo	rombo	romboide
		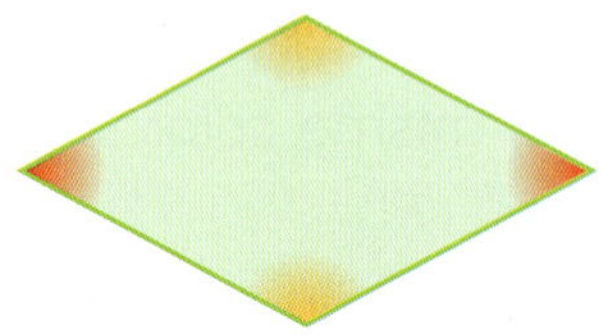	
Lados y ángulos iguales	Lados iguales 2 a 2 y ángulos iguales	Lados iguales y ángulos iguales 2 a 2	Lados y ángulos iguales 2 a 2

- Los **no paralelogramos** tienen **dos lados paralelos o ninguno**.

trapecios	trapezoides
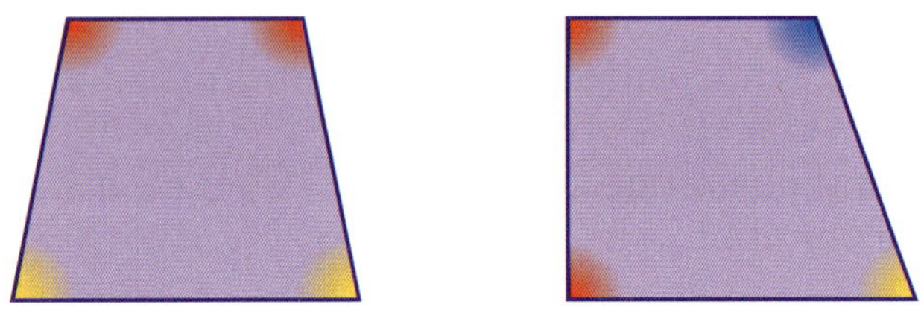	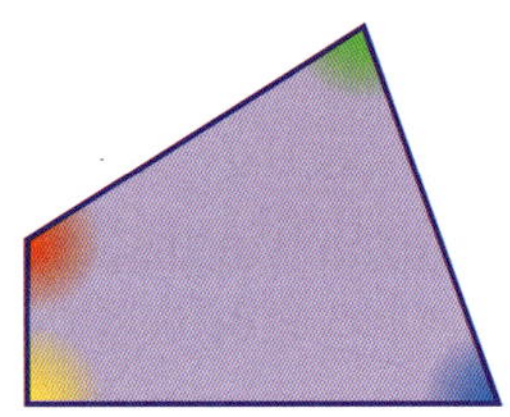
2 lados paralelos	Sin lados paralelos

17 De entre estas figuras, selecciona los cuadriláteros y clasifícalos.

18 Dibuja en tu cuaderno los cuadriláteros de la actividad anterior y contesta.

a) Traza una diagonal en cada cuadrilátero. ¿Qué figuras obtienes?

b) ¿Cuántas diagonales más puedes trazar en cada figura?

Nota Recuerda que la diagonal de un polígono es el segmento que une dos vértices no consecutivos.

19 Observa estos trapecios y contesta a las preguntas.

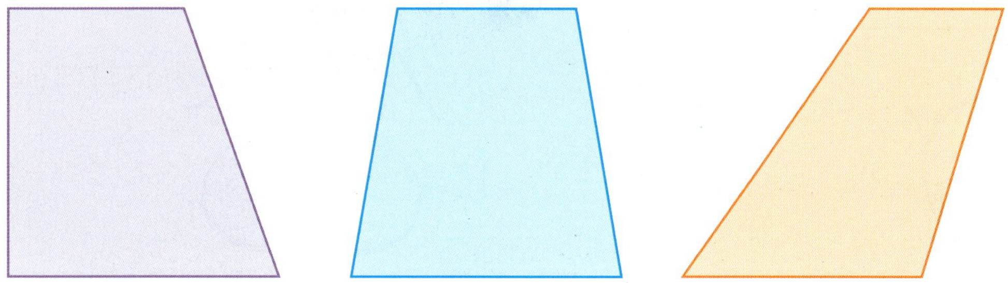

a) Cópialos y señala sus lados paralelos.

b) ¿Alguno tiene dos lados iguales? Indica cuál.

c) Marca los ángulos rectos.

d) ¿Cuál de ellos tiene los ángulos iguales dos a dos?

e) Clasifícalos.

20 Calcula el perímetro de:

a) Un rectángulo de dimensiones 4 × 7 cm.

b) Un trapecio isósceles cuyas bases miden 3 y 7 cm y el lado igual 3,6 cm.

21 Piensa y contesta. ¿Cuál es la suma de los ángulos de un cuadrilátero?

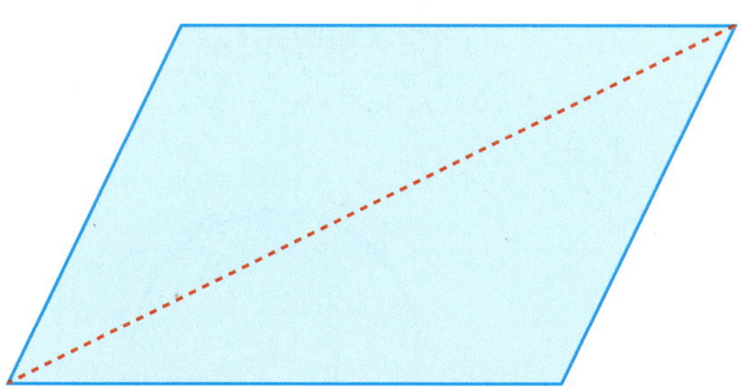

A. 90°

B. 180°

C. 270°

D. 360°

Ten en cuenta

Los ángulos de un triángulo suman 180°.

22 smSaviadigital.com PRACTICA Entra en la web y practica la construcción de cuadriláteros.

Problemas

23 Úrsula se prepara para una carrera. Entrena todos los días corriendo 7 vueltas alrededor de un parque cuadrado de 28 dam de lado.

a) ¿Cuántos metros recorre cada día?

b) ¿Cuántos kilómetros recorre a la semana?

c) Si la carrera es de 8 km, ¿crees que Úrsula se está preparando lo suficiente? Explica por qué.

4 La circunferencia y el círculo

Isabel tiene un par de pendientes con forma de circunferencia y otro con forma de círculo.

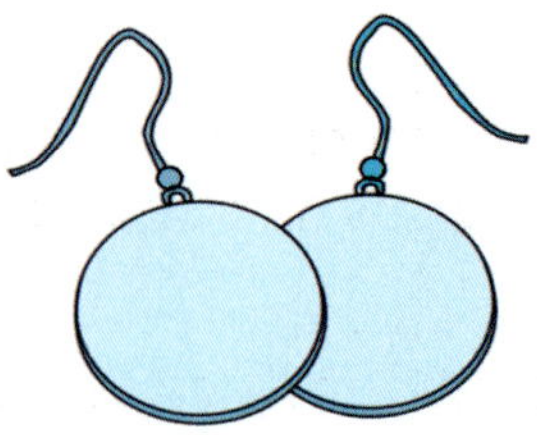

La **circunferencia** es una línea curva cerrada y plana con todos sus puntos a igual distancia del centro.

El **círculo** es una figura plana formada por una circunferencia y su interior.

Los **elementos de la circunferencia** son:

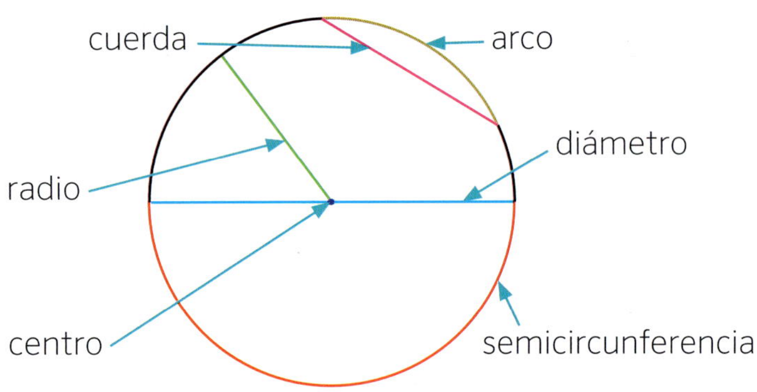

Los **elementos del círculo** son:

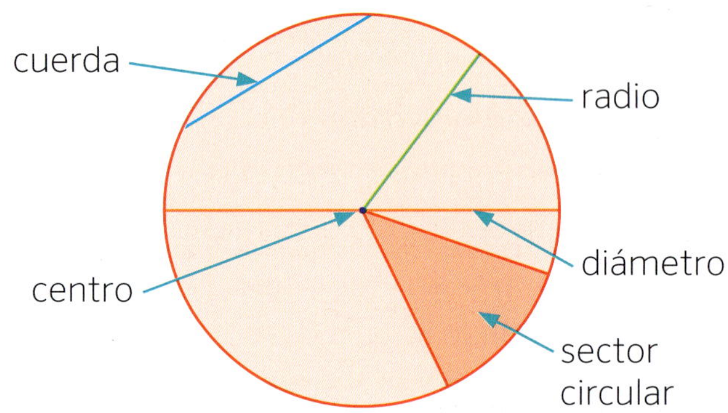

La **posición** de una **recta** con respecto a una **circunferencia** puede ser:

exterior

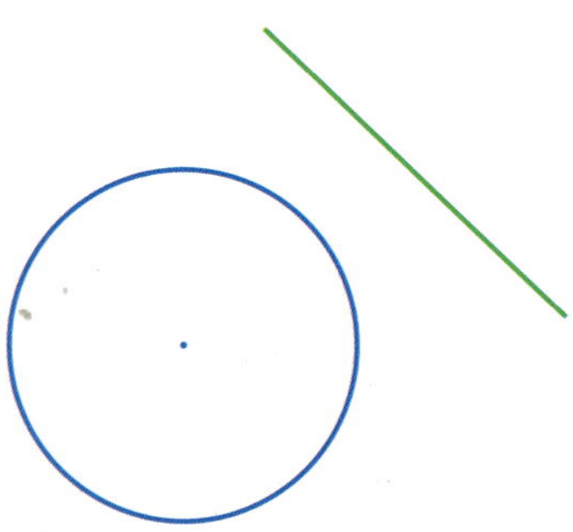

No tienen puntos comunes.

tangente

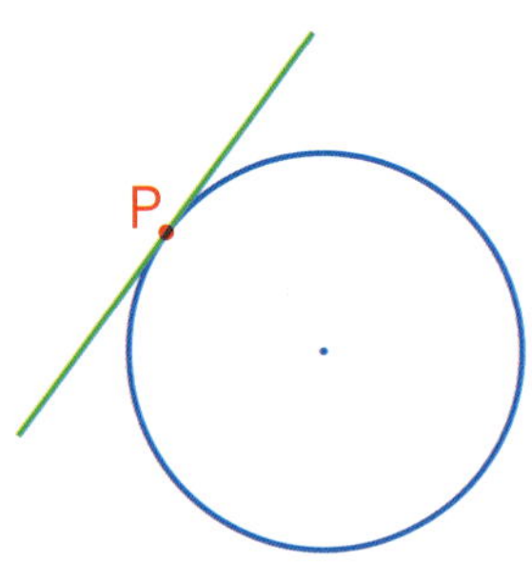

Tienen un único punto en común, P.

secante

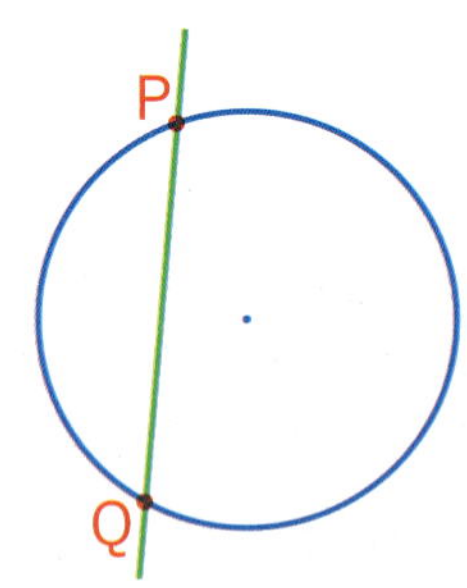

Tienen dos puntos en común, P y Q.

24 Indica qué forma tienen estos objetos.

25 El punto que equidista de cualquier punto de la circunferencia se llama...

A. radio B. arco C. centro D. diámetro

Nota Equidistar significa encontrarse a igual distancia de dos o más puntos o cosas.

26 El diámetro es una cuerda que pasa por el centro de la circunferencia. ¿Cómo se llaman los arcos que delimita?

27 Traza una circunferencia con el compás, marca su centro y dibuja los elementos indicados. A continuación, indica si son verdaderas o falsas las afirmaciones.

- Un radio.
- Un diámetro.
- Una cuerda que no pase por el centro.
- Una cuerda que pase por el centro.

a) Todas las cuerdas pasan por el centro de la circunferencia.

b) La cuerda de mayor longitud es el diámetro.

c) El radio es una cuerda.

28 Observa la figura y contesta.

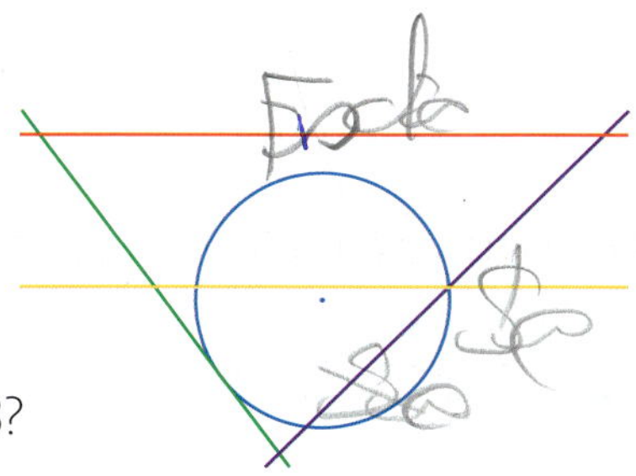

a) Indica que rectas son exteriores a la circunferencia.

b) ¿Hay rectas secantes a la circunferencia? Indica cuáles.

c) ¿Cuántas rectas tangentes habría que dibujar para que haya 3?

Problemas

29 Óliver prepara un bizcocho con un molde en forma de corona circular. El radio del círculo mayor mide 21 cm, y el del círculo menor, las dos terceras partes del mayor.

a) Dibuja un boceto del bizcocho y anota las medidas de los radios.

b) Si el bizcocho entero pesa 450 g, ¿cuánto pesa un cuarto del bizcocho?

30 Julia ha dibujado este sector circular en su cuaderno.

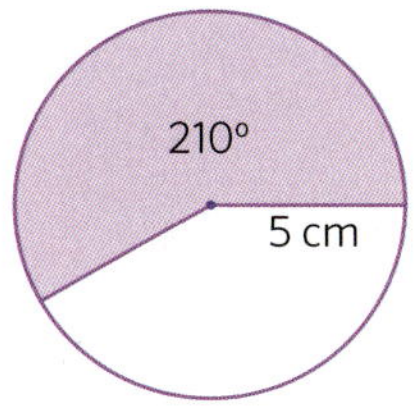

a) ¿Qué instrumentos crees que ha necesitado?

b) Dibújalo tú ahora en tu cuaderno.

5 Longitud de la circunferencia

Observa que cuanto mayor es una circunferencia mayor es su diámetro. ¿Qué relación hay entre la longitud y el diámetro? Vamos a descubrirlo.

Medimos la longitud de la circunferencia y el diámetro de un anillo, una pulsera y un aro de gimnasia.

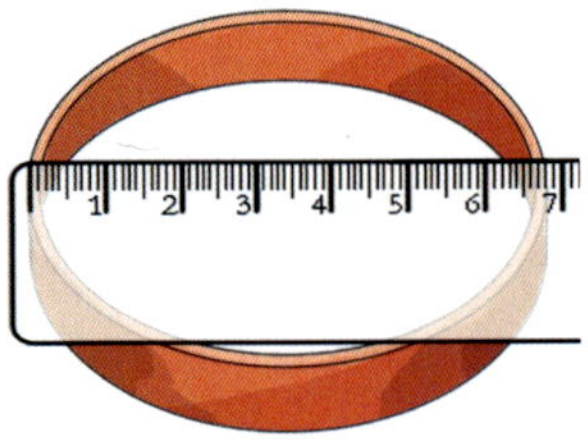

Construimos una tabla con los datos que hemos obtenido.

objeto	longitud (L)	diámetro (D)	$\frac{L}{D}$
anillo	6,28 cm	2 cm	3,14
pulsera	21,4 cm	6,8 cm	3,147
aro de gimnasia	267,1 cm	85 cm	3,142

El cociente entre la longitud de una circunferencia y su diámetro es siempre la misma cantidad. Esta cantidad se llama **número π**, se lee **pi** y su valor se aproxima por 3,14.

Calculamos la longitud de la circunferencia multiplicando el diámetro por π.

La **longitud** de la **circunferencia** es: $L = D \times \pi = 2 \times \pi \times r$

31 Sigue estos pasos y contesta las preguntas.

- Dibuja en tu cuaderno una circunferencia de 10 cm de diámetro.
- Coloca un trozo de hilo a lo largo de la circunferencia y córtalo.
- Extiende el hilo sobre una regla. ¿Cuánto mide?
- Divide la medida entre el diámetro de la circunferencia. ¿Qué número obtienes?

32 Busca tres objetos que tengan forma circular. Mide su diámetro y la longitud de la circunferencia y completa la tabla en tu cuaderno.

objeto	longitud (L)	diámetro (D)	$\frac{L}{D}$
•••	•••	•••	•••
•••	•••	•••	•••
•••	•••	•••	•••

33 ¿Cuánto mide la longitud de las siguientes circunferencias?

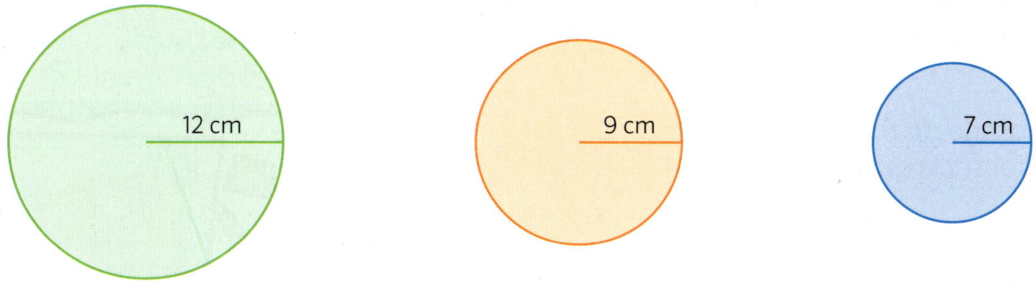

34 Traza una circunferencia de radio 3 cm con el compás. ¿Cuánto mide su diámetro? ¿Cuál es su longitud?

35 ¿Cuánto miden estos arcos de circunferencia?

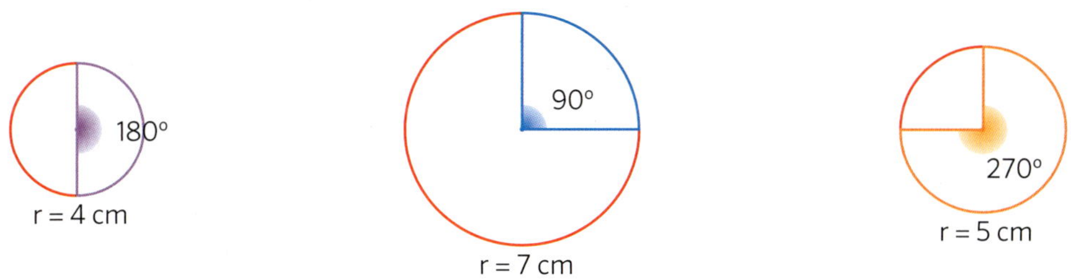

36 ¿Cuánto mide el perímetro de esta figura?

A. 20,71 cm
C. 22,85 cm
B. 21,57 cm
D. 23,65 cm

Problemas

37 Sabiendo que la rueda delantera de un velocípedo tiene un diámetro de 120 cm y la rueda trasera 30 cm, contesta:

a) ¿Qué longitud avanza cada rueda del velocípedo al dar una vuelta?

b) Si el velocípedo ha recorrido 1130,4 cm. ¿Cuántas vueltas ha dado cada rueda?

38 Para proteger una fuente circular, los jardineros van a colocar una valla que cuesta 9,8 € cada metro. El diámetro de la fuente mide 8,50 m.

a) ¿Cuántos metros de valla necesitan?

b) ¿Cuánto dinero cuesta la valla?

39 Andrea tiene una cartulina que mide 42 × 59,4 cm. Quiere dibujar una circunferencia tan grande como sea posible.

a) ¿Qué longitud debe tener el radio como máximo? Calcula la longitud de la circunferencia.

b) ¿Y si quisiera dibujar una semicircunferencia?

Problemas

Estrategia: Utilizar la regla y el compás

Iker ha dibujado un cuadrado de 8 cm de perímetro. ¿Cómo puede trazar una circunferencia que pase por sus 4 vértices?

- **¿Qué nos pide el problema?**

  Averiguar cómo dibujar una circunferencia que pase por todos los vértices de un cuadrado.

- **¿Qué necesitamos?**

  - Las dimensiones del cuadrado: 8 cm de perímetro.
  - Regla y compás.

- **¿Cómo se resuelve?**

  Utilizamos la regla y el compás para encontrar la solución del problema.

1.º Calculamos cuánto mide el lado del cuadrado y lo dibujamos.

$8 : 4 = 2$

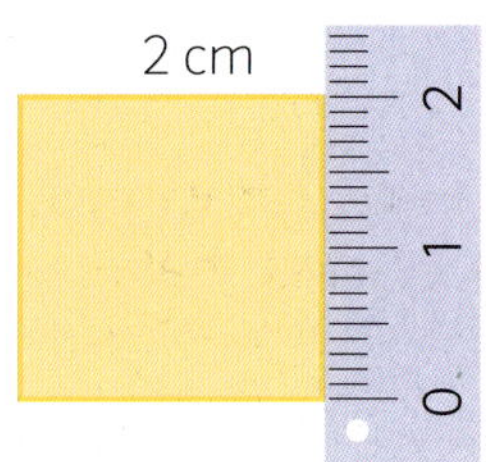

2.º Trazamos las diagonales y marcamos el punto C donde se cortan.

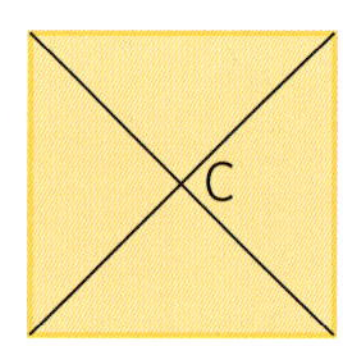

3.º Dibujamos una circunferencia, pinchando el compás en C y abriéndolo hasta el vértice del cuadrado.

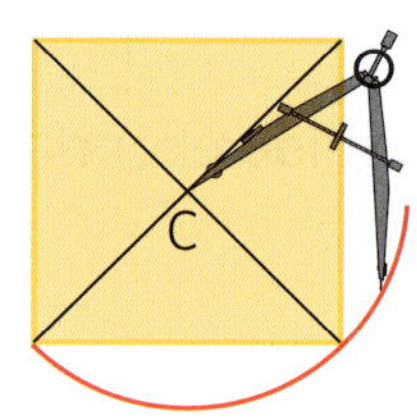

▶ **Solución**: El dibujo resultante será:

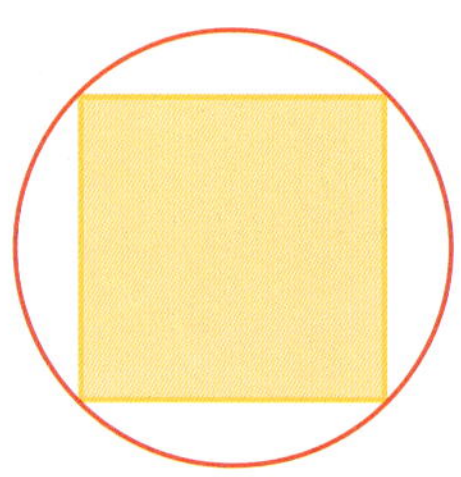

➲ Dibuja un cuadrado de 12 cm de perímetro y traza una circunferencia que pase por sus vértices. ¿Has seguido los mismos pasos para conseguirlo?

1 Andrea quiere dibujar la misma figura que Iker, pero comienza por la circunferencia. ¿Cómo puede seguir para dibujar el cuadrado?

2 Su compañero Asier dibuja un segmento de 7 cm y quiere trazar una circunferencia que pase por sus extremos. ¿Cómo podría hacerlo?

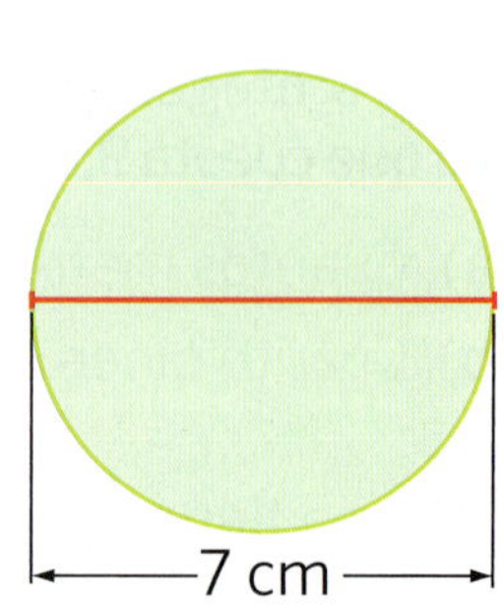

Utiliza tus estrategias

1 Mario e Irene se están repartiendo las piezas triangulares de un mosaico.

a) Mario se queda con los triángulos rectángulos, e Irene, con los acutángulos. ¿Cuántos tiene cada uno?

b) ¿Y si Mario se quedara con los triángulos escalenos, e Irene, con los isósceles?

2 Calca los puntos A, B y C y traza circunferencias que pasen por dos de los puntos a la vez. ¿Qué pasos has seguido? ¿Cuántas circunferencias puedes dibujar?

3 Una pista rectangular mide 50 m de ancho y el doble de largo. Si José da 10 vueltas, ¿cuántos kilómetros recorre?

A. 5 km **B.** 10 km **C.** 300 m **D.** 3 km

4 Carmen dibuja un pentágono con todas sus diagonales. ¿Cuántas ha trazado?

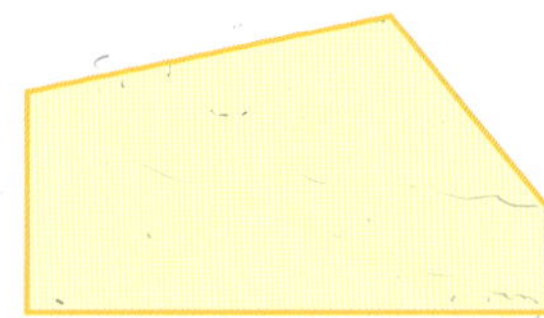

A. 10
B. 8
C. 5
D. 3

5 Estefanía mide el perímetro de una valla circular y obtiene 1475,8 m. ¿Cuál será el radio?

A. 470 m **C.** 448 m
B. 0,235 km **D.** 0,36 km

6 El suelo de una habitación cuadrada tiene 3 m de lado. ¿Cuántas baldosas cuadradas de 20 cm de lado se necesitarán para cubrirlo?

A. 60 baldosas **C.** 57 baldosas
B. 375 baldosas **D.** 225 baldosas

Inventa un problema

7 Inventa dos posibles enunciados de un problema a partir de esta pregunta y su solución. Uno debe resolverse con una suma, y el otro, con una multiplicación.

> *¿Cuánto mide el perímetro del huerto de Jorge?*
>
> Solución: *El perímetro mide 150 m.*

¿Tiene sentido?

8 Andrés quiere colocar una *pizza* de 24 cm de radio en una caja cuadrada de 30 cm de lado. ¿Ha elegido bien el tamaño de la caja?

9 En un triángulo isósceles de 15 cm de perímetro, ¿es posible que uno de sus lados mida 5 cm? Razona la respuesta.

10 Carol tiene dos espejos, uno cuadrado de 0,5 m de lado y otro con forma de octógono regular de 0,25 cm de lado. Piensa que necesitará más metros de marco para enmarcar el cuadrado. ¿Lleva razón o no?

Matemáticamente

Cálculo mental   Multiplicar por 5 y 50

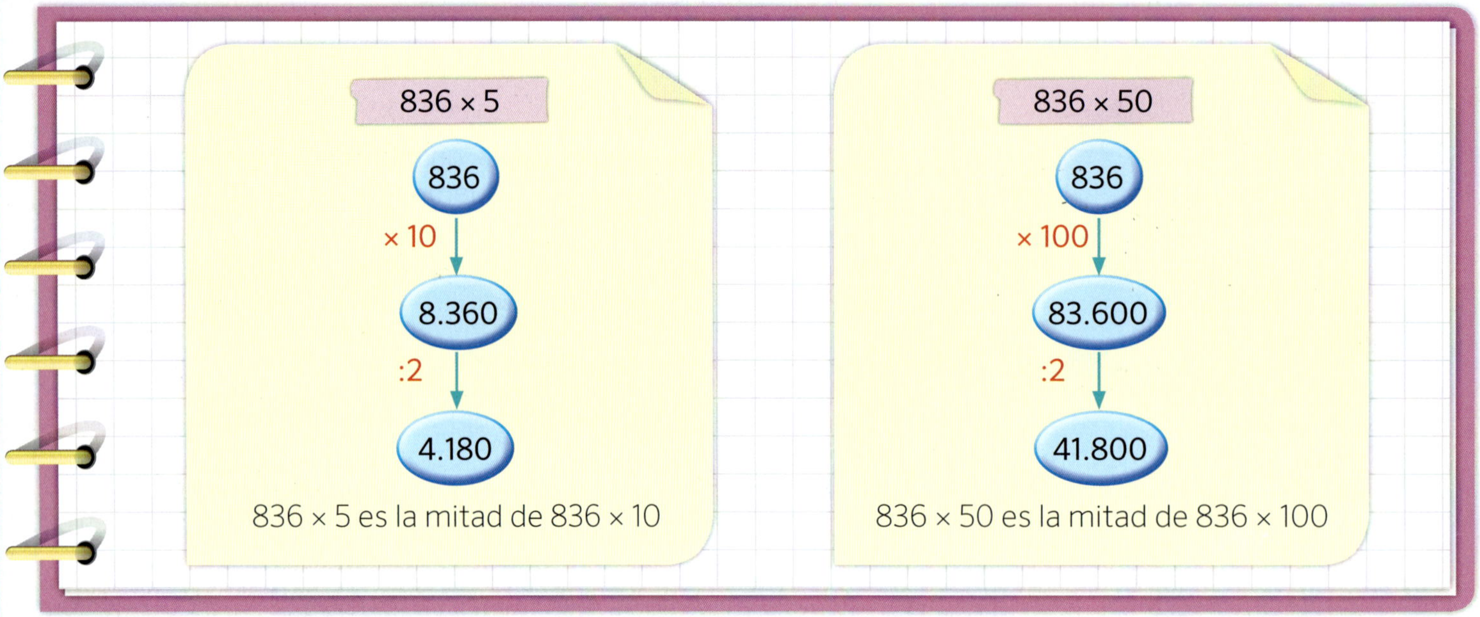

1. Aplica las estrategias que acabas de aprender y resuelve estas operaciones en tu cuaderno.

125 × 50	75 × 5	54 × 50
962 × 5	375 × 50	745 × 5

2. La equipación de voleibol de un colegio cuesta 50 € por persona, entre zapatillas, camiseta, chándal y bolsa de deporte. Si hay 34 jugadores, calcula mentalmente cuál será el gasto total.

sm**Savia**digital.com
PRACTICA Utiliza esta estrategia de **cálculo mental**.

Retos matemáticos

1. ¿Cómo resolverías con tu calculadora la operación 35,75 – 17,9 si la tecla de la coma no funciona?

2. ¿Puedes formar con estas tres piezas un cuadrilátero?

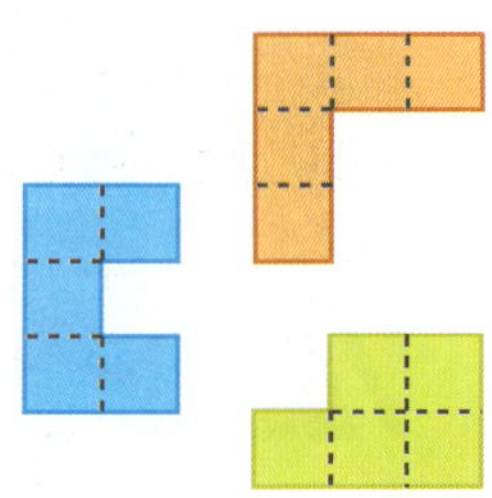

Repasa la unidad

Organiza tus ideas

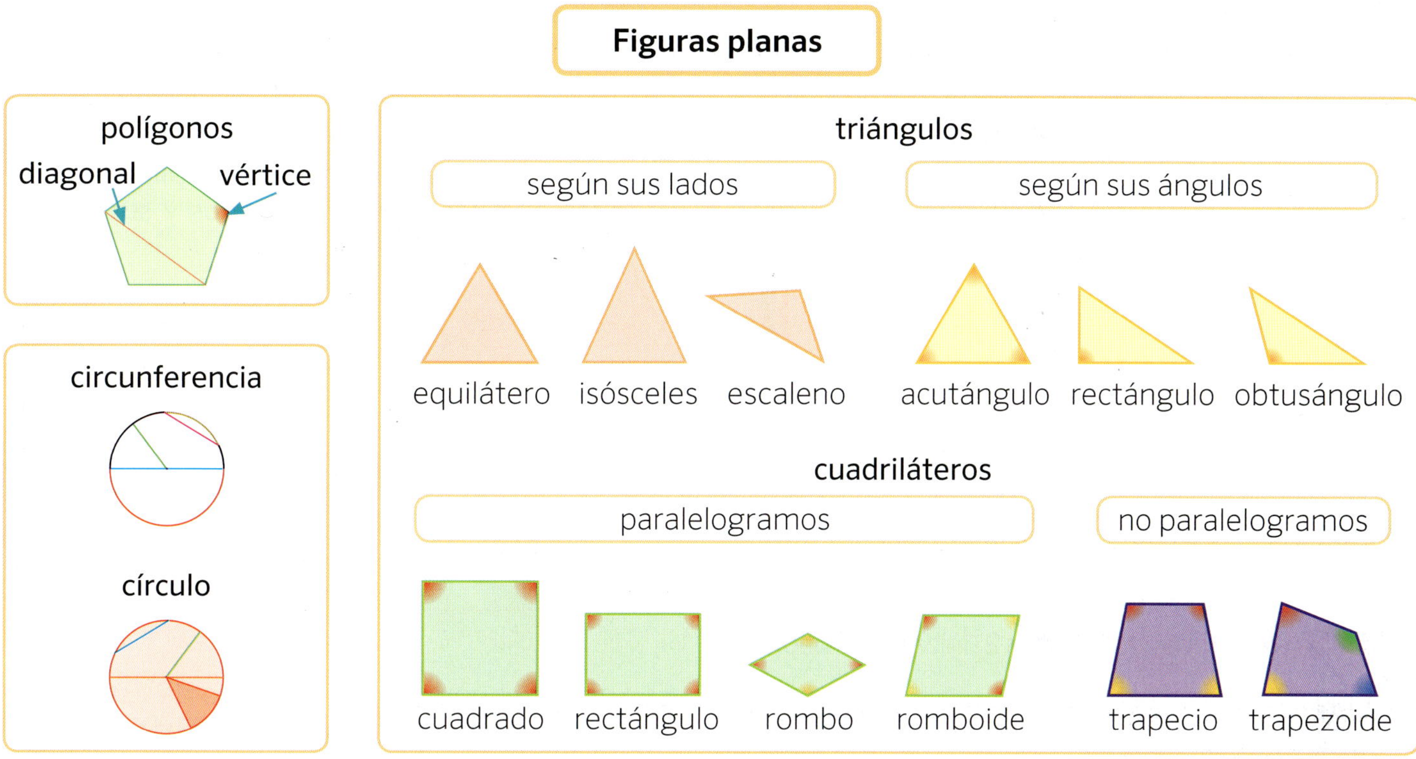

1 Observa y completa la tabla en tu cuaderno.

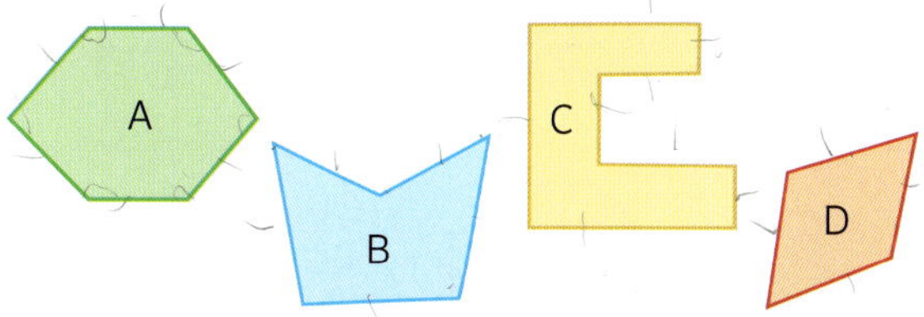

polígono	nombre	lados	vértices	ángulos
A	●●●	●●●	●●●	●●●
B	●●●	●●●	●●●	●●●
C	●●●	●●●	●●●	●●●
D	●●●	●●●	●●●	●●●

2 ¿Cuál es el perímetro de un eneágono regular de 1,05 cm de lado?

3 Dibuja estas figuras en tu cuaderno.

- Un triángulo rectángulo isósceles
- Un hexágono regular de 2,3 cm de lado
- Un trapecio escaleno

¿Qué habría que añadir a los enunciados para que tus figuras y las de tu compañero fueran iguales?

4 ¿Cuál de estas afirmaciones es falsa? Corrígela.

A. Una cuerda es el segmento que une dos puntos de una circunferencia.

B. Un sector circular es la parte de un círculo limitado por dos diámetros y su arco.

Problemas

5 Si Samuel quiere vallar su jardín, ¿cuántos metros de valla necesitará?

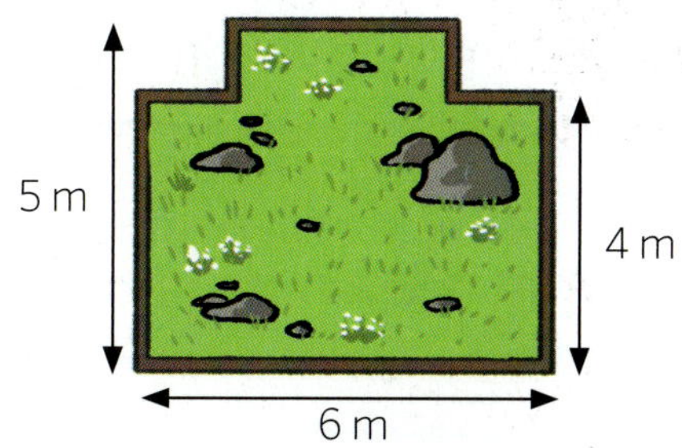

Vocabulario matemático

6 Busca el significado geométrico de estas palabras y construye una oración con cada una.

radio cuerda arco centro

smSaviadigital.com

VALORA LO APRENDIDO Comprueba lo que sabes en la **autoevaluación**.

Repasa las unidades

1 Escribe cómo se lee cada uno de estos números.

2.056   0,78   50.005,505

$\frac{7}{5}$ $\frac{12}{17}$ $4\frac{5}{9}$

2 Calcula.

$\frac{7}{3}$ de 21 $\frac{5}{4}+\frac{1}{2}+\frac{3}{5}$

$\frac{8}{11}-\frac{3}{11}+\frac{2}{3}$ $6\times\left(\frac{5}{7}+\frac{2}{7}\right)$

3 Indica si es verdadero o falso. Explica por qué.

- 1 centésima es mayor que 1 décima.
- 250 centésimas equivalen a 2 unidades y media.
- 10 milésimas forman 1 décima.

4 Aproxima cada término a las unidades y estima el resultado de estas operaciones.

1.047,26 × (905,6 – 897,15)

407,38 × 0,65 + 9.225,12

13.057,32 : 4,6

5 Expresa en la unidad indicada.

25 mm = ••• hm   3,9 daℓ = ••• mℓ

53 cg = ••• g

6 Calca estos ángulos y mide su amplitud. Calcula los ángulos complementarios y suplementarios. Razona la respuesta.

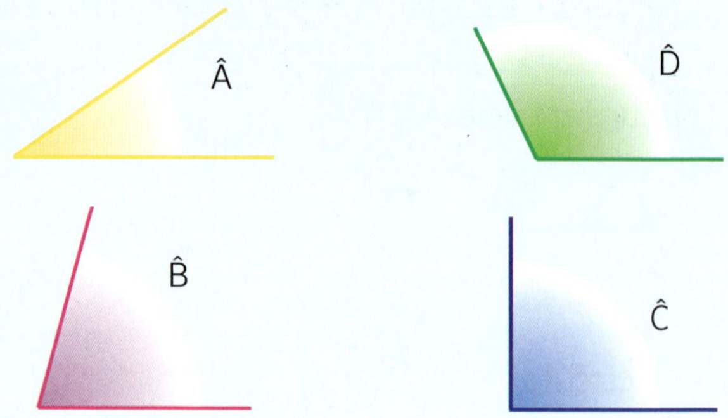

7 Escribe el nombre de cada uno de estos polígonos. ¿Cuáles son paralelogramos?

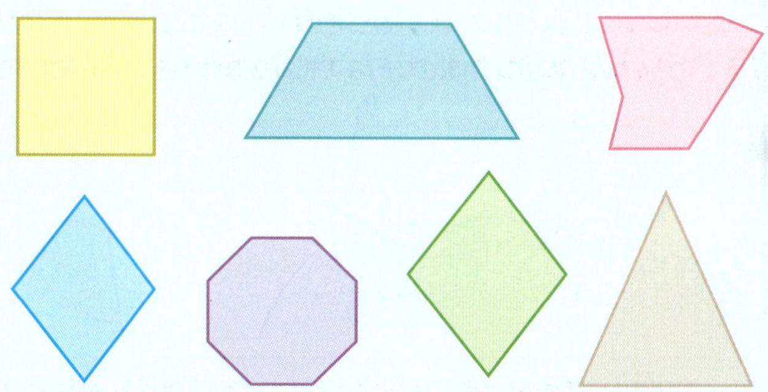

Problemas

8 Fíjate en este circuito de atletismo.

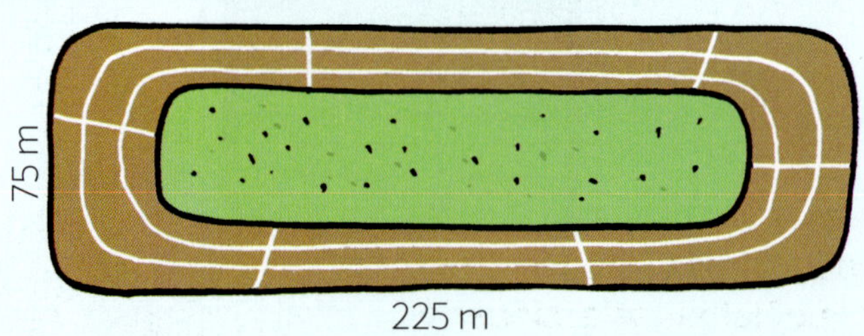

a) ¿Cuántas vueltas habría que dar para recorrer 6 km?

b) ¿Es posible construir en su interior un campo de fútbol que mida 90 m de largo y un tercio menos de ancho?

9 Observa la bicicleta de la fotografía.

a) ¿Qué figuras planas reconoces? Explica las semejanzas y las diferencias entre ellas.

b) ¿En qué otras situaciones cotidianas puedes encontrar estas figuras?

c) Si un radio de la bicicleta mide 30 cm, ¿cuántos decímetros mide un diámetro?

Ponte a prueba

Observa y reflexiona

Un artesano quiere hacer una cenefa con azulejos blancos y azules con forma de triángulo equilátero de 1 dm de lado. La cenefa debe cumplir lo siguiente:

- Debe estar compuesta por polígonos regulares de color azul.
- El perímetro de cada polígono azul debe ser inferior a 60 cm.

1 Observa las opciones del artesano y responde para cada caso.

A. 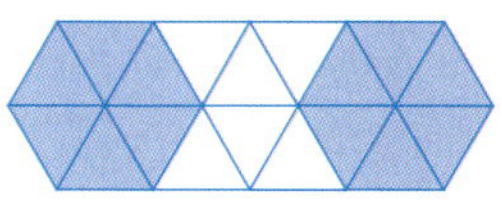

C. 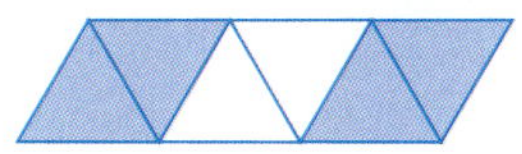

B. 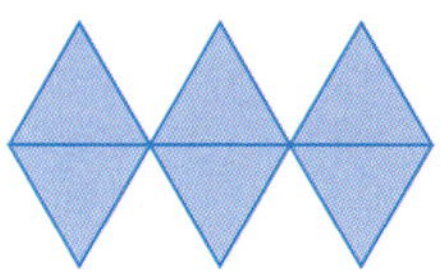

D. 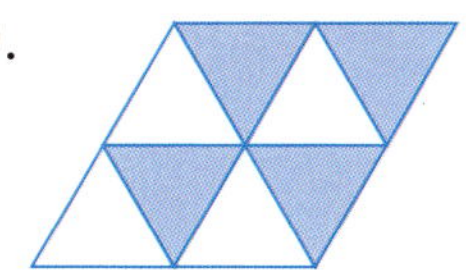

a) ¿Qué polígono forman los azulejos azules? ¿Es regular?

b) ¿Cuánto mide el perímetro del polígono azul?

2 ¿Qué cenefa de las anteriores podrá hacer el artesano? Explica por qué.

3 Inventa un nuevo diseño y compáralo con el de un compañero. ¿Cumplen las condiciones? Si alguno no lo hace, explicad qué le falta.

Tarea final Construye un mosaico

PASO **1** Recupera y observa las imágenes que seleccionaste de figuras en tu entorno.

PASO **2** Clasifica los polígonos según sus lados y sus ángulos. Indica los elementos de la circunferencia y del círculo.

PASO **3** Únete a dos compañeros y buscad imágenes de mosaicos de La Alhambra en los que aparezcan alguno de los polígonos que habéis seleccionado.

PASO **4** Dibuja un mosaico con las figuras seleccionadas en una hoja cuadriculada. ¿Qué figuras crees que son más adecuadas para construir un mosaico? Debatidlo en grupo, respetando la opinión de cada uno.

smSaviadigital.com

VALORA LO APRENDIDO **¿Cómo has trabajado** en esta tarea?

Tratamiento de la información

Gráficos de sectores

Un **gráfico de sectores** es un círculo dividido en partes.
Cada parte o sector representa una fracción del total y corresponde a un dato concreto.

tipo de árbol	n.º de árboles
almendro	4
chopo	5
olivo	1
pino	8
roble	2

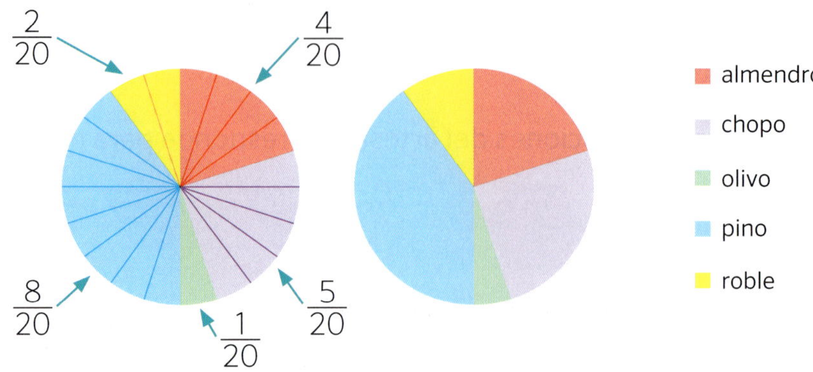

1 **Lee, observa el gráfico y contesta.**

Carolina realiza una encuesta para saber qué tipo de películas prefieren ver sus compañeros y representa sus respuestas en un gráfico de sectores.

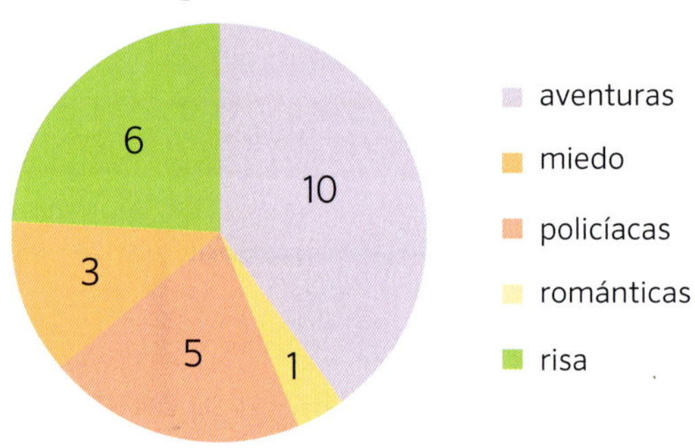

a) Completa en tu cuaderno la tabla de frecuencias que corresponde al gráfico circular.

actividad	aventuras	miedo	policíacas	románticas	risa
votos	10	●●●	●●●	●●●	●●●

b) ¿Cuántos compañeros han respondido a Carolina?

c) ¿Qué tipo de película es la moda?

2 **Este gráfico circular indica la asignatura favorita de los compañeros de Carolina.**

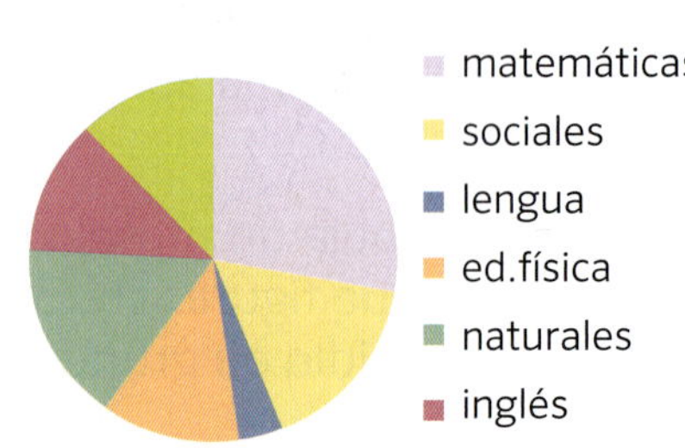

a) ¿Qué asignatura es la que más les gusta? ¿Y la que menos?

b) ¿Qué asignaturas son las favoritas del mismo número de niños?

3 César ha hecho una encuesta entre sus compañeros de clase para saber cuál es su fruta favorita.

fruta	votos
manzana	7
pera	3
plátano	6
naranja	4
uvas	5

a) ¿A cuántos compañeros ha preguntado?

b) ¿Cuál es la moda? Explica cómo lo has averiguado.

c) ¿Cuál de estos gráficos refleja los datos de la tabla de frecuencias?

A.

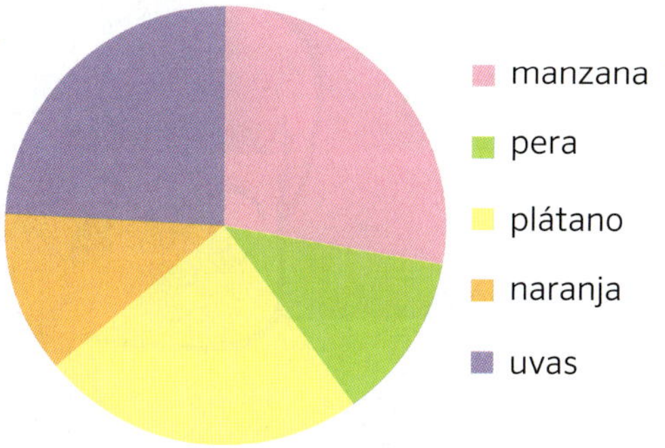

B.

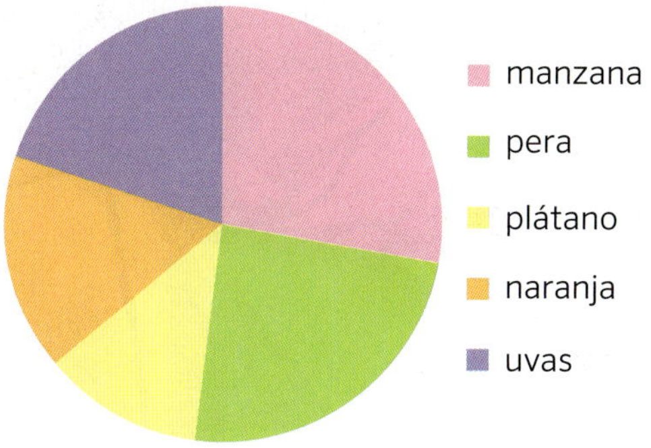

C.

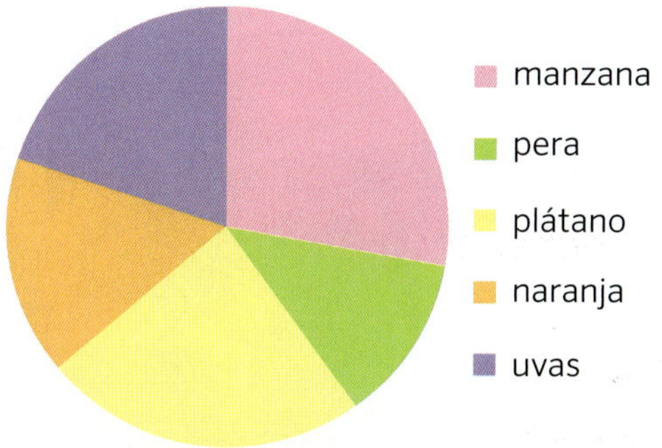

4 Pregunta a 15 compañeros de clase cuántos hermanos son en su familia. Anota los resultados en tu cuaderno en una tabla de frecuencias como esta.

n.º de hermanos	n.º de alumnos
ninguno	•••
uno	•••
dos	•••
más de dos	•••

5 Observa los datos de la actividad anterior y contesta en tu cuaderno.

a) ¿Cuántos alumnos tienen más de dos hermanos? ¿Y solo un hermano?

b) Copia este gráfico de sectores en tu cuaderno y complétalo con los datos que has obtenido. Recuerda incluir la leyenda.

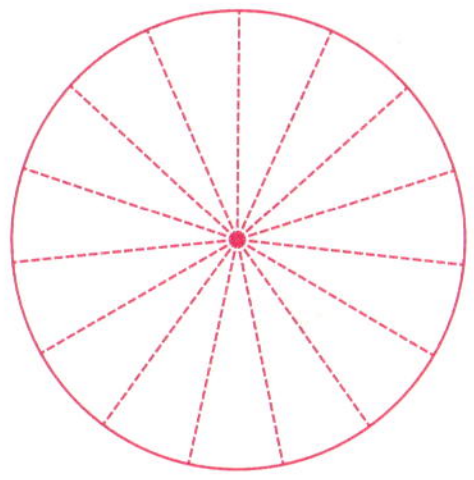

Ten en cuenta

La **leyenda** de un gráfico nos da información sobre los datos representados.

c) ¿Cuál es la moda?

d) ¿Qué representa cada sector?

6 Realiza una encuesta a 12 compañeros y averigua el medio de transporte que utilizan para llegar al colegio.

a) Elabora una tabla de frecuencias.

b) Representa los datos obtenidos en un gráfico circular.

c) ¿Qué representa cada sector?

d) ¿Cuál es la moda?

e) Explica los resultados obtenidos.

unidad

11

Medir superficies

¡Qué importante es... la experimentación!

De la teoría a la práctica hay un camino que es preciso recorrer para confirmar una idea. No basta con suponer algo, hay que comprobarlo para demostrar su validez.

Tarea final

Al final de la unidad, estimarás la medida de una superficie de forma experimental y comprobarás matemáticamente hasta qué punto ha sido acertada tu estimación.

Un molde para una tarta

A Filo le gusta pasar tiempo con su abuelo porque le enseña cómo las matemáticas se encuentran en las tareas cotidianas. En esta ocasión, le explica cómo averiguar si el molde redondo que quieren utilizar para hacer una tarta, tiene la misma superficie que el molde rectangular que propone la receta.

—Te enseñaré un método que me sugirió un alumno hace mucho tiempo. No es que sea del todo preciso, pero para una tarta puede servir.

Y mientras decía eso, el abuelo cogió un saquito lleno de judías y echó unas cuantas en el molde rectangular, con la mano las distribuyó de forma que cubrieran el fondo en una capa compacta y lisa.

—[...] Ahora cojo estas judías con las que he tapizado la superficie rectangular y las extiendo sobre la superficie del molde redondo. Si la cubren exactamente, su área es grosso modo igual a la rectangular, si faltan, es más grande; si en cambio son demasiadas, es más pequeña.

—¡Genial! ¡Abuelo, déjame probar! ¡Quiero volcar yo las judías!

Y diciendo eso, transfirió las judías con gran estrépito desde el molde rectangular al redondo, descubriendo con satisfacción que sobraban solamente un par de ellas.

Anna Cerasoli. *Los diez magníficos*. Maeva Ediciones

Hablamos

1. ¿Qué método utilizan Filo y su abuelo para comparar las superficies de los moldes?

2. ¿Cómo son las superficies de ambos moldes?
   A. Iguales.
   B. Prácticamente iguales.
   C. La redonda bastante más pequeña que la rectangular.

3. ¿Qué ha utilizado el abuelo como medida para comparar los moldes?

1 Una forma sencilla de medir superficies

¿Cuánto mide la superficie de la clase de Lara?

Para averiguarlo, podemos seguir estos pasos:

1.º Observamos que el suelo de la clase está cubierto por baldosas iguales.

2.º Para medir la superficie, tomamos una baldosa como unidad de medida.

 = unidad de medida

3.º Contamos el número de baldosas. Hay 64 baldosas.

▶ La superficie de la clase de Lara mide 64 baldosas, es decir, su **área** es 64 baldosas.

La **medida de la superficie** de una figura se llama **área**.

1 Calcula el área de estas figuras. Indica la unidad de medida elegida.

a) 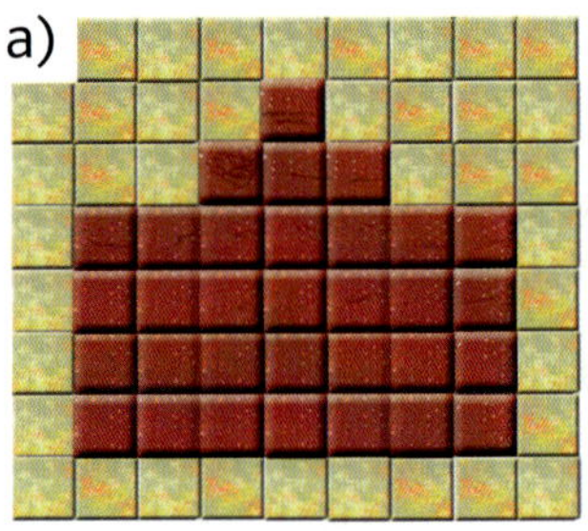

b) 

c) 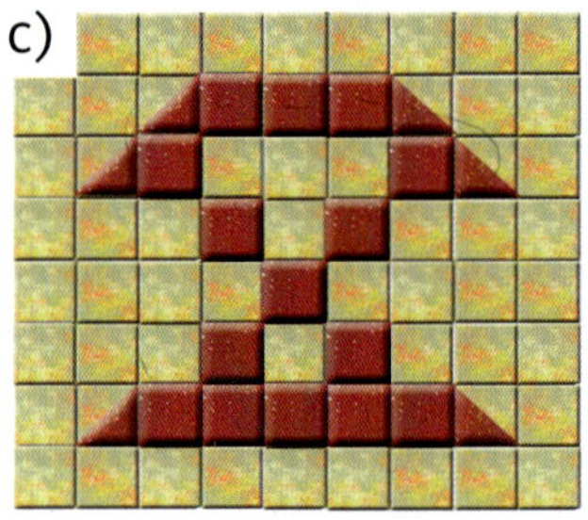

Ten en cuenta

2 Observa las figuras de la actividad anterior.

a) ¿Cuáles tienen la misma área? ¿Tienen la misma forma?

b) Fíjate en las figuras y elige la opción correcta.

A. Figuras con distinta forma nunca tienen la misma área.

B. Figuras con distinta forma pueden tener la misma área.

C. Figuras iguales nunca tienen la misma área.

c) Copia las figuras y complétalas para que todas tengan la misma área. Compara tus dibujos con los de un compañero. ¿Qué observas?

3 Fíjate en estos rectángulos.

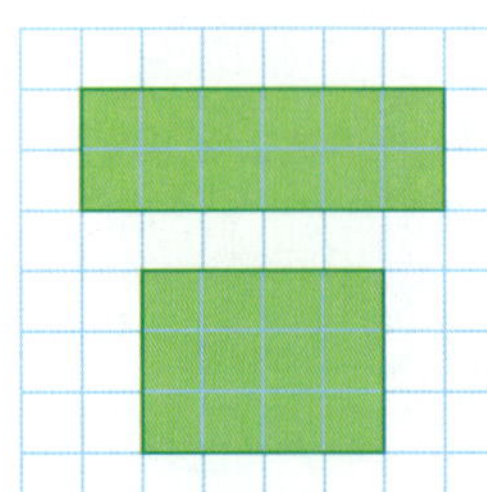

a) ¿Tienen la misma área? ¿Y el mismo perímetro?

b) Piensa y elige la opción correcta.

A. Figuras con la misma área siempre tienen el mismo perímetro.

B. Figuras con la misma área pueden tener distinto perímetro.

c) Por parejas, dibujad dos figuras distintas con la misma área y el mismo perímetro.

4 Observa cómo se calcula el área de esta figura.

Ejemplo:

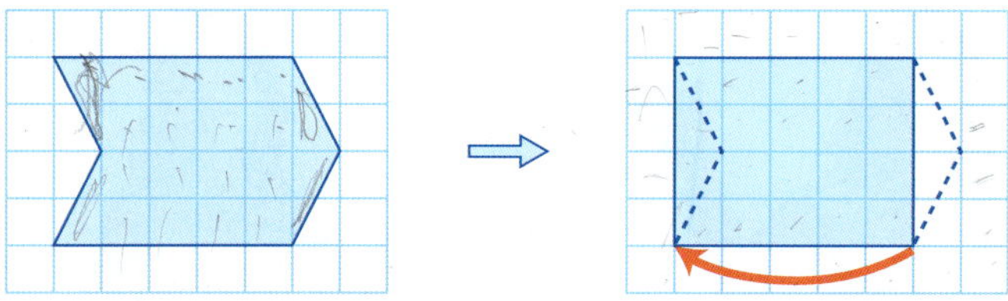

Área = 20 ■

¿Cuál es el área de estas figuras? Explica cómo lo has averiguado.

a) 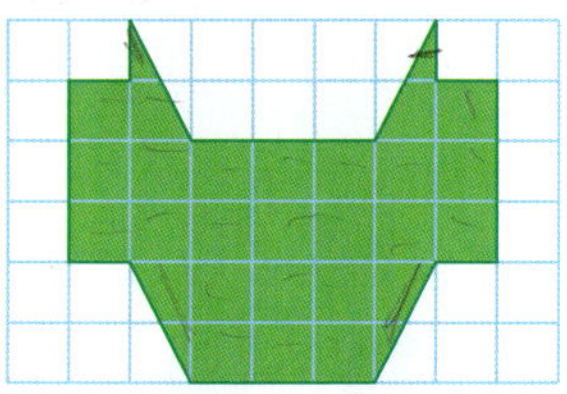

b) 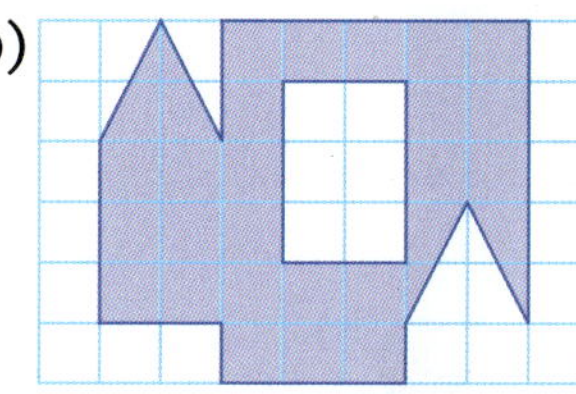

c) 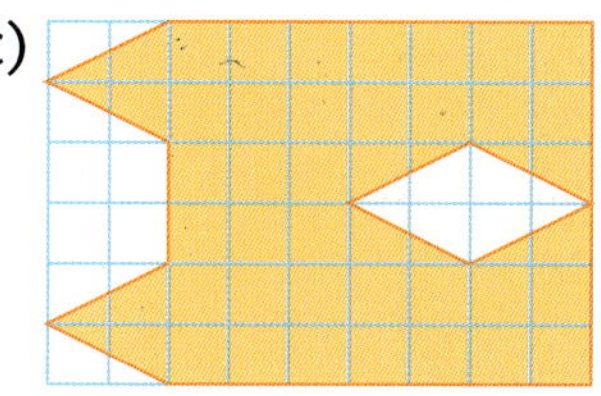

Nota Dibuja la figura del ejemplo en papel cuadriculado, recórtala y comprueba la solución.

5 Fíjate en estas figuras.

1. 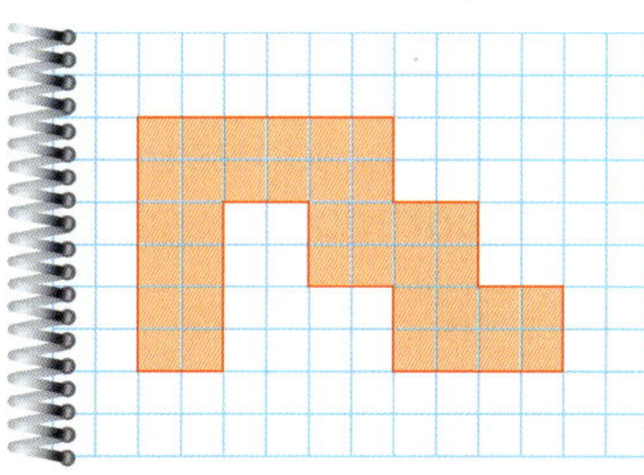

2. 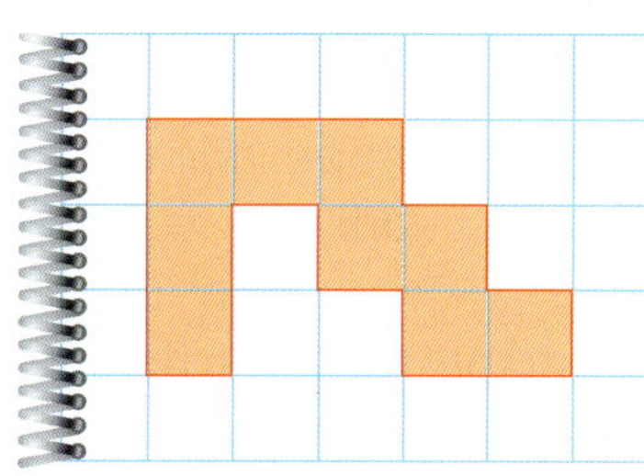

a) ¿Tienen la misma forma? ¿Y el mismo tamaño? Utiliza una regla para comprobarlo.

b) Calcula el área de la **figura 1** utilizando □ como unidad de medida y el de la **figura 2** con □ como unidad de medida.

c) ¿Qué ocurre si mides el área de las dos figuras con la misma unidad?

Problemas

6 En este mosaico romano se han perdido algunas teselas. Si el mosaico era simétrico, ¿qué área ocupaba cada color?

7 Clara quiere hallar la superficie que ocupa su mano. Para ello, ha dibujado su contorno en un papel cuadriculado. ¿Cuál es aproximadamente su área?

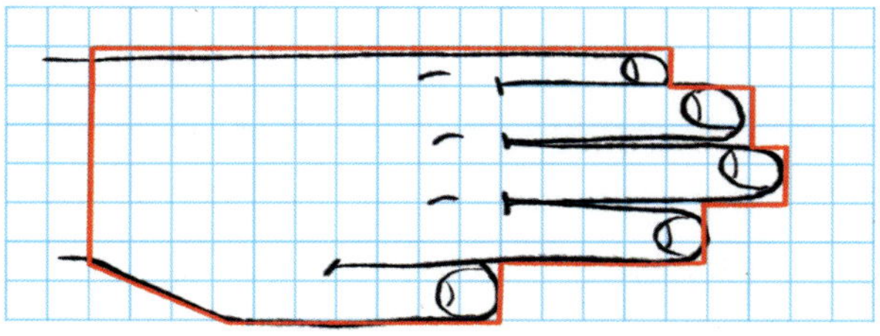

A. 98 □ C. 104 □

B. 112 □ D. 90 □

Por parejas, averiguad cuánto miden aproximadamente las áreas de vuestra mano y de vuestro pie. ¿Habéis obtenido los mismos resultados?

Ten en cuenta

Para **aproximar el área** de una figura, dibujamos el polígono que más se ajusta a la figura y hallamos su área.

2 Unidades de medida de superficie

Observa las cartulinas de estas fotografías.

El área de un cuadrado de 1 m de lado es un **metro cuadrado**. Se escribe 1 **m²**.

El área de un cuadrado de 1 dm de lado es un **decímetro cuadrado**. Se escribe 1 **dm²**.

El área de un cuadrado de 1 cm de lado es un **centímetro cuadrado**. Se escribe 1 **cm²** .

El metro cuadrado es la **unidad principal de superficie**.

Observa que un metro cuadrado equivale a 100 cuadrados verdes. Por tanto: **1 m² = 100 dm²**

Un cuadrado verde equivale a 100 cuadraditos azules. Por tanto: **1 dm² = 100 cm²**

Un metro cuadrado equivale a 10.000 cuadraditos azules, ya que 100 × 100 = 10.000. Por tanto:

1 m² = 100 dm² = 10.000 cm²

8 **Fíjate en el ejemplo. Después, completa en tu cuaderno y contesta.**

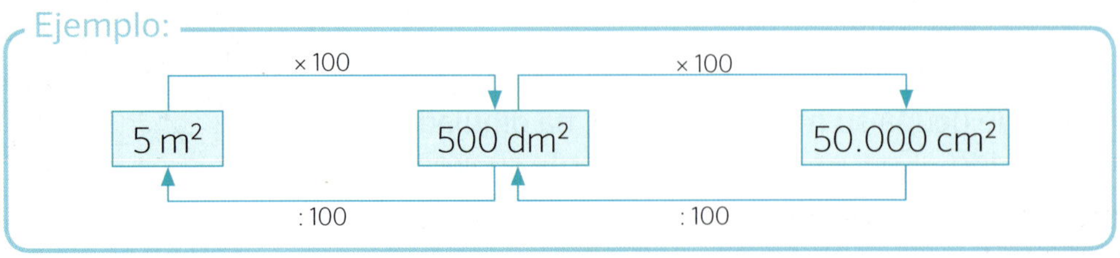

- 3 m² = ••• dm²
- 4,03 m² = ••• cm²
- 700 dm² = ••• m²
- 1,2 dm² = ••• cm²
- 639,3 cm² = ••• dm²
- 43.000 cm² = ••• m²

a) ¿Por qué número multiplicas para pasar de metros cuadrados a centímetros cuadrados?

b) ¿Por qué número divides para pasar de centímetros cuadrados a metros cuadrados?

smSaviadigital.com
PRACTICA Entra y practica la equivalencia de unidades de superficie.

9 ¿Cuánto crees que mide el área de estas superficies aproximadamente?

a) 

A. 384 m^2

B. 384 dm^2

C. 384 cm^2

b) 

A. 420 m^2

B. 420 dm^2

C. 420 cm^2

c) 

A. 6 m^2

B. 6 dm^2

C. 6 cm^2

¿Sabías que...?

Dieciséis folios de tamaño DIN A4 ocupan exactamente un metro cuadrado.

¡Haz la prueba!

10 Observa el ejemplo y convierte estas medidas en las unidades indicadas.

Ejemplo:

(100 ← entre dm^2 y m^2; 100 ← entre cm^2 y dm^2)

forma compleja	m^2	dm^2	cm^2		forma incompleja
	2	35	21	→	2,3521 m^2
$2\ m^2\ 35\ dm^2\ 21\ cm^2$	2	35	21	→	235,21 dm^2
	2	35	21	→	23.521 cm^2

- $8\ m^2\ 65\ dm^2 =$ ●●● dm^2
- $58\ dm^2\ 9\ cm^2 =$ ●●● cm^2
- $44{,}06\ dm^2 =$ ●●● dm^2 ●●● cm^2
- $0{,}36\ m^2 =$ ●●● m^2 ●●● dm^2

Nota Una medida está expresada en **forma incompleja** cuando se utiliza una sola unidad y en **forma compleja** cuando se utilizan dos o más unidades.

Problemas

11 Aitor ha creado este mural con fotografías cuadradas de 1 dm de lado.

a) ¿Qué superficie ocupa el mural?

b) Si quiere enmarcarlo, ¿cuánto medirá el marco que debe emplear?

A. 39 dm B. 10 dm C. 20 dm D. 16 dm

c) Dibuja un mural rectangular con la misma superficie y mayor perímetro que el de Aitor donde se puedan colocar todas las fotografías.

12 Si el lado de cada cuadradito mide 1 m, ¿cuál es el área de la figura coloreada? Cuéntale a un compañero cómo has obtenido el resultado.

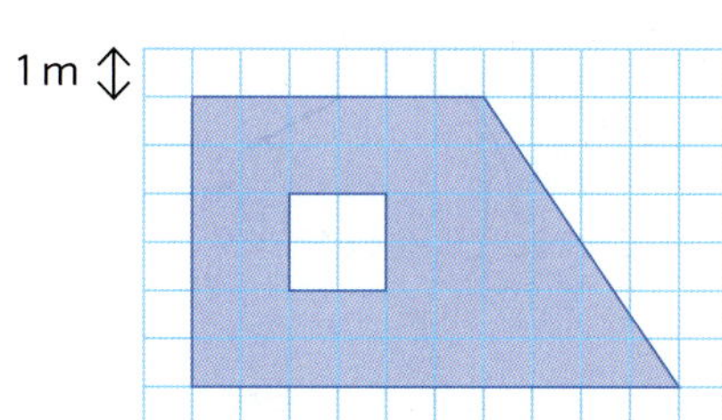

A. 56 cm^2

B. 44 m^2

C. 44 cm^2

D. 56 m^2

3 Área de algunos polígonos

Para calcular el área de los polígonos, podemos ayudarnos de una cuadrícula.

Utilizamos, por ejemplo, un cuadrado de 1 cm de lado como unidad. Su área es **1 cm²**.

rectángulo

Contamos los cuadrados que lo forman. También podemos calcular cuántos cuadrados hay utilizando una multiplicación.

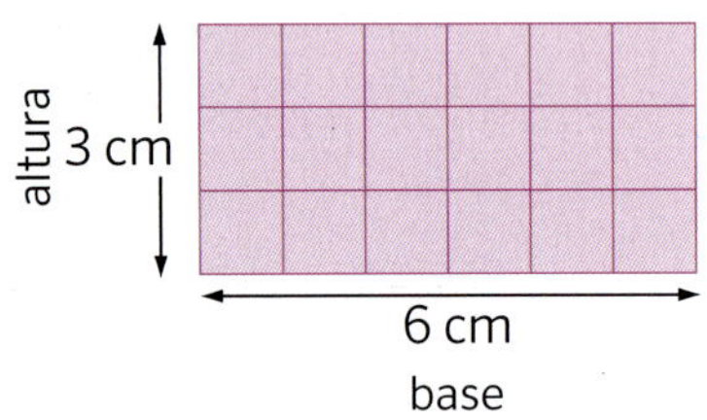

$6 \times 3 = 18$ → Área = 18 cm²

Área = base × altura

cuadrado

Los lados de un cuadrado son iguales, es decir, la base y altura miden lo mismo.

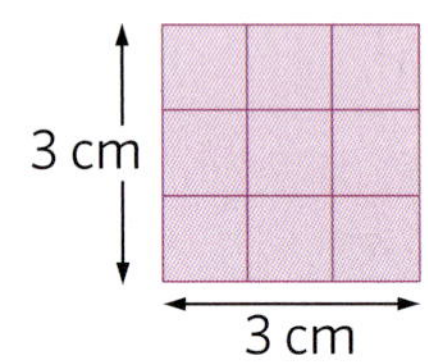

$3 \times 3 = 9$ → Área = 9 cm²

Área = lado × lado

triángulo

Un triángulo ocupa la mitad de la superficie que un rectángulo de la misma base y altura.

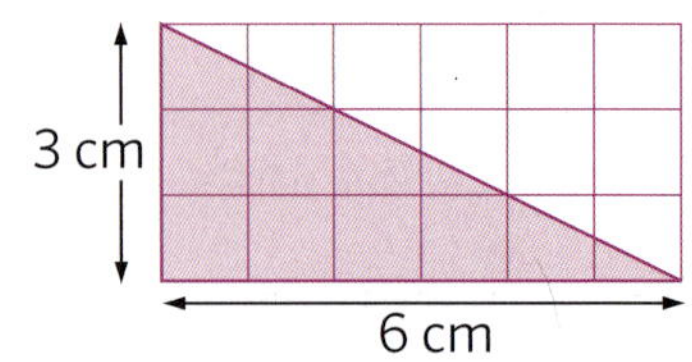

$(6 \times 3) : 2 = 9$ → Área = 9 cm²

Área = (base × altura) : 2

13 Si el lado de cada cuadradito mide 1 dm, ¿cuál es el área de estas figuras?

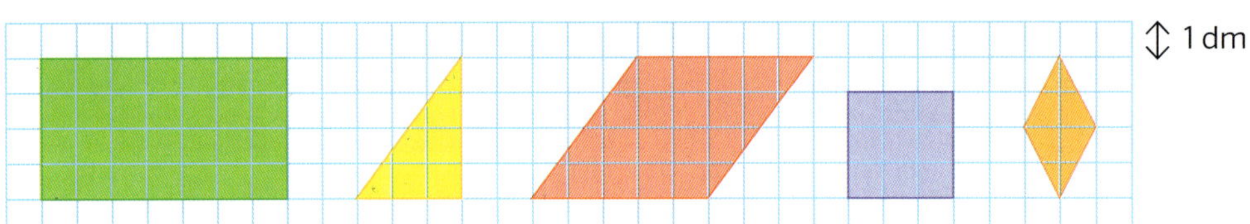

14 Mide con una regla y calcula el área de cada figura.

Nota Para medir las figuras, apoya la regla sobre el segmento que quieras medir y asegúrate de que el 0 de la regla coincida con uno de sus extremos.

15 Calcula el área en cada caso. ¿Qué observas?

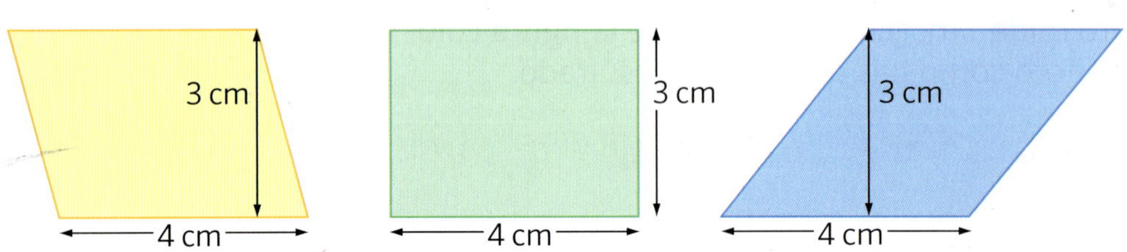

16 El perímetro de un cuadrado es 20 cm. ¿Cuál es su área?

A. 25 cm² **B.** 5 dm² **C.** 5 cm² **D.** 25 dm²

romboide

Un romboide ocupa la misma superficie que un rectángulo que tenga su misma base y altura.

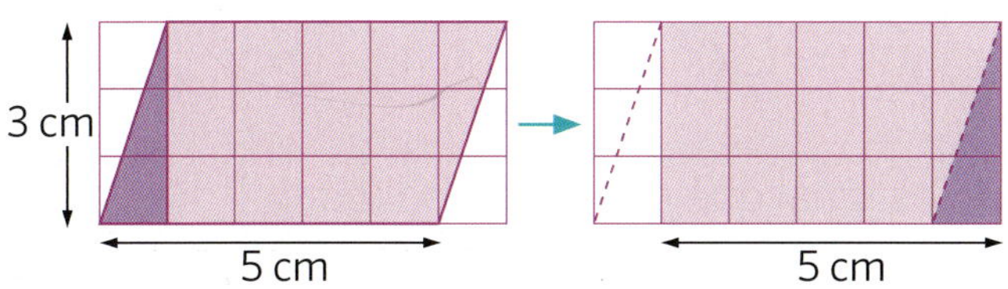

$5 \times 3 = 15 \rightarrow$ Área $= 15\ cm^2$

Área = base × altura

rombo

Un rombo ocupa la mitad de la superficie que un rectángulo cuya base coincida con la diagonal mayor, y su altura, con la diagonal menor.

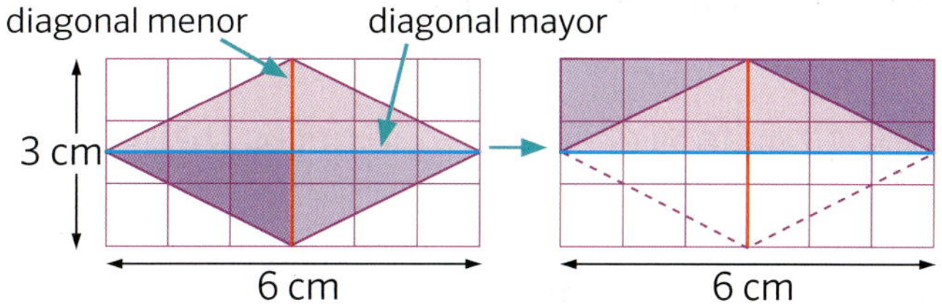

$(6 \times 3) : 2 = 9 \rightarrow$ Área $= 9\ cm^2$

Área = (diagonal mayor × diagonal menor) : 2

17 smSaviadigital.com PRACTICA Entra y comprueba que sabes calcular áreas de polígonos.

Problemas

18 Este es el plano de la casa de Guillermo. ¿Cuántos metros cuadrados mide en total? ¿Cuál es su perímetro?

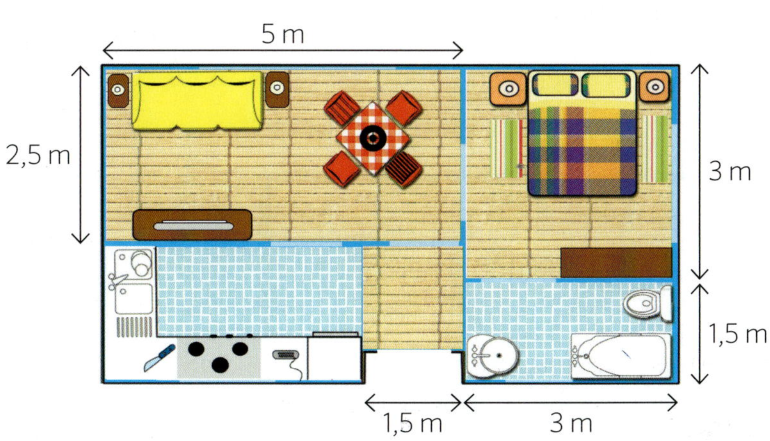

19 Leticia ha comprado un rollo de papel de regalo de 0,7 m de ancho y 2 m de largo.

a) ¿Cuántos metros cuadrados de papel ha comprado?

b) Para envolver una caja necesita un rectángulo de papel de 7 dm de base y 3,5 dm de altura. ¿Cuántas cajas iguales puede envolver?

4 Área de un polígono regular

Para calcular el área de un polígono regular seguimos los siguientes pasos:

1.º Trazamos líneas de los vértices al centro del polígono, dividiéndolo en triángulos iguales.

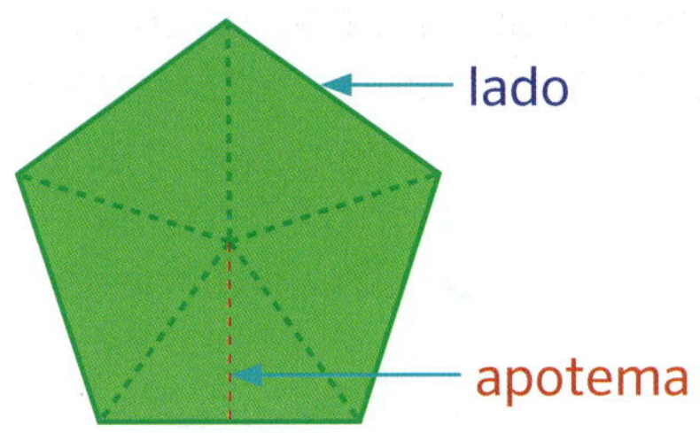

El pentágono está formado por 5 triángulos.

2.º Calculamos el área de uno de los triángulos.

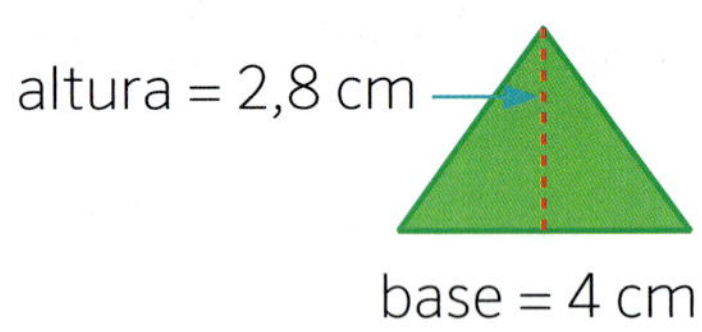

- La base del triángulo es igual que el lado del polígono.
- La altura coincide con la apotema.

$$\text{Área del triángulo} = \frac{\text{base} \times \text{altura}}{2} = \frac{4 \times 2{,}8}{2} = 5{,}6$$

El área de un triángulo es 5,6 cm^2.

3.º Multiplicamos el área del triángulo por el número de triángulos: 5,6 × 5 = 28.

▶ El área del pentágono es 28 cm^2.

Para obtener la fórmula, expresamos los pasos como operación combinada: 5 × 4 × 2,8 : 2

n.º de lados x longitud del lado (5 × 4) — apotema (2,8)

$$\text{Área del polígono regular} = \frac{\text{perímetro} \times \text{apotema}}{2}$$

20 **Sigue las instrucciones.**

- Dibuja un hexágono regular de 3 cm de lado.
- Divídelo en triángulos iguales. Calcula el área de uno de ellos.
- ¿Cuál es el área del hexágono? Explica cómo la has obtenido.
- Comprueba que obtienes el mismo resultado si utilizas la fórmula.

21 **Calcula el perímetro y el área de los siguientes polígonos:**

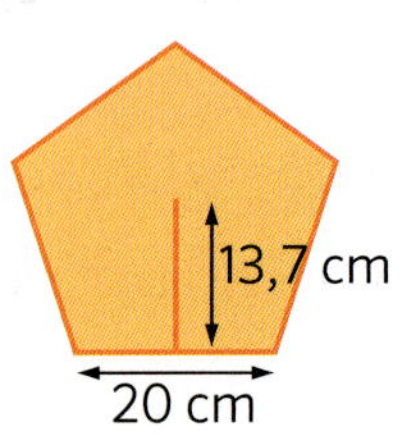

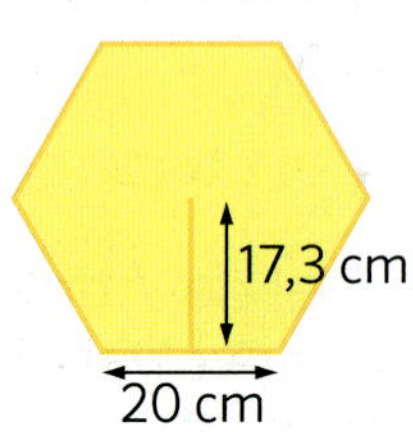

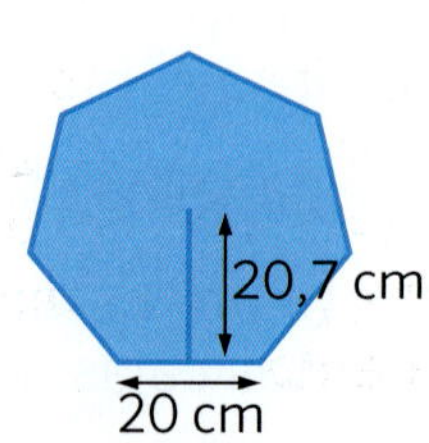

22 Calcula el perímetro y el área de un dodecágono de lado 35 cm y apotema 65,3 cm.

23 Observa el siguiente marco:

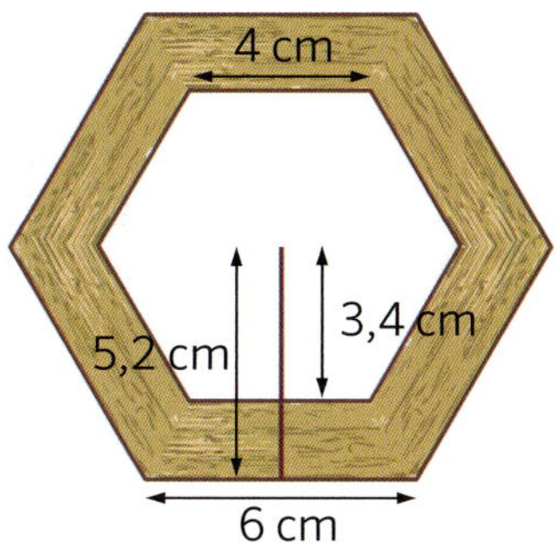

a) El perímetro del marco es:

A. 60 cm B. 36 cm C. 24 cm D. 12 cm

b) Y su área, en m^2, es aproximadamente:

A. 54,8 B. 52,8 C. 56,4 D. 50,4

Problemas

24 Observa las celdas de este panal de abejas. Si el lado de cada celda mide 3 mm, y su apotema, 2,6 mm, ¿cuál será el área de conjunto de 25 celdas?

25 Andrea construye cajas de cartón con forma de prisma pentagonal. Calcula la superficie de cartón que utiliza para cada caja.

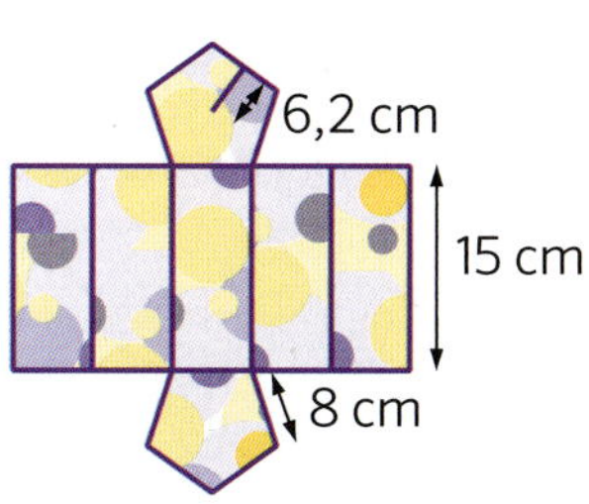

26 Queremos decorar el mural de clase con piezas de cartulina. Cada pieza es un octógono de lado 1,6 dm y apotema 1,9 dm. Si el mural mide 3 m de ancho por 0,80 m de alto, ¿cuántas piezas necesitamos aproximadamente?

Taller de matemáticas manipulativas

Componer figuras para hallar su área

1.º Medimos el lado y la apotema del hexágono regular con una regla y calculamos su área.

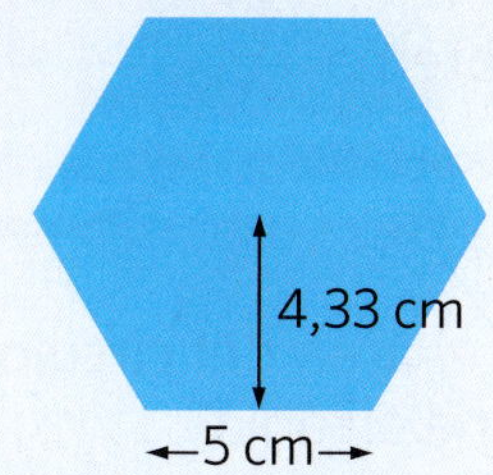

$$\text{Área del hexágono} = \frac{6 \times 5 \times 4{,}33}{2} = 64{,}95\ cm^2$$

2.º Colocamos el trapecio isósceles sobre él.

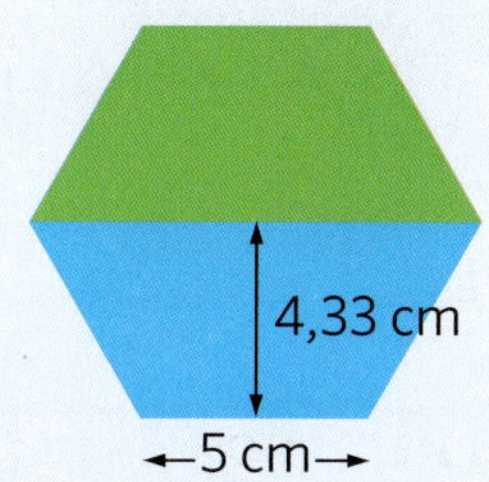

3.º En el hexágono regular caben dos trapecios iguales, por lo que podemos calcular el área del trapecio dividiendo entre 2 el área del hexágono.

$$64{,}95 : 2 = 32{,}475$$

$$\text{Área del trapecio} = 32{,}475\ cm^2$$

1 ¿Cuántos triángulos equiláteros de lado 5 cm caben en un hexágono regular del mismo lado? ¿Y cuántos rombos de lado 5 cm?

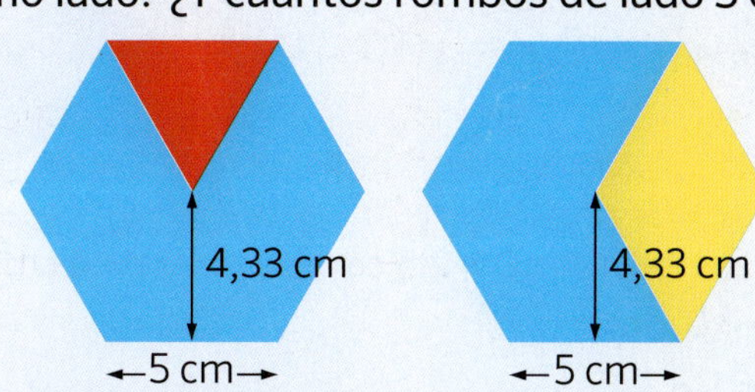

2 A partir del área de un hexágono regular de lado 5, calcula:

a) El área de un rombo de lado 5 cm

b) El área de un triángulo equilátero de 5 cm de lado

Sabemos que el área de un polígono regular es:

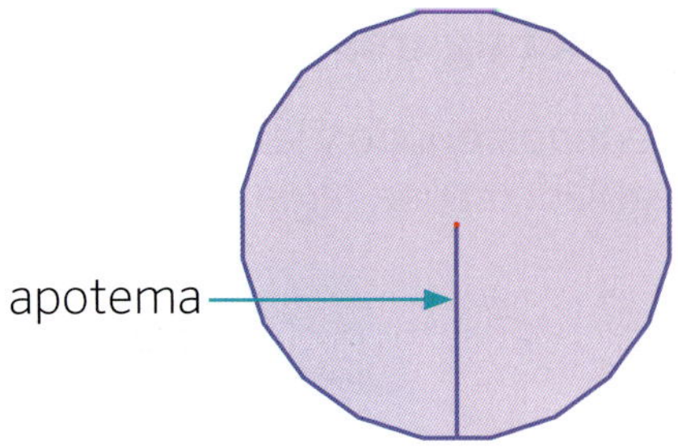

$$A = \frac{\text{perímetro} \times \text{apotema}}{2}$$

Calculamos el **área del círculo** como si fuera el área de un polígono regular con muchos lados. La apotema sería el radio.

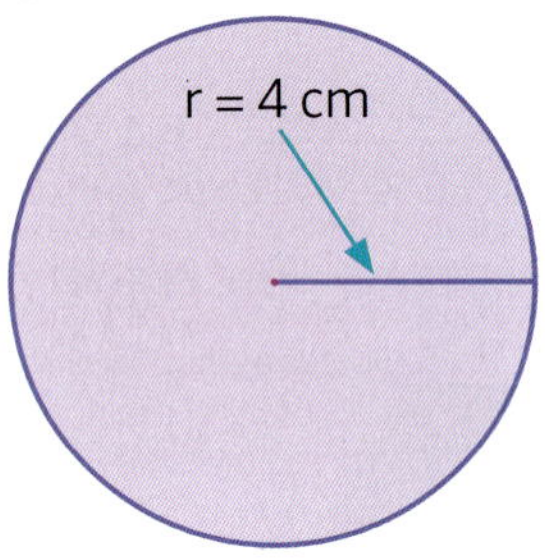

$$A = \frac{\text{longitud de la circunferencia} \times \text{radio}}{2} = \frac{2 \times \pi \times r \times r}{2} = \pi \times r^2$$

$A = 3{,}14 \times 4^2 = 50{,}24$

▶ El área del círculo es 50,24 cm^2.

Área del círculo = π × radio^2

27 Observa los siguientes círculos y calcula sus áreas.

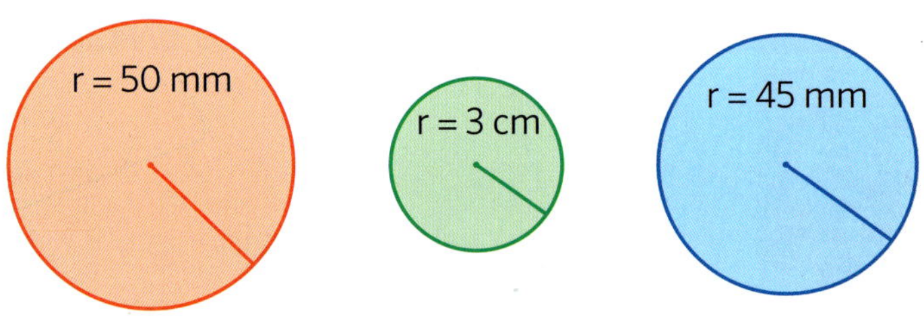

28 Observa los siguientes círculos. Calcula el área de la zona sombreada.

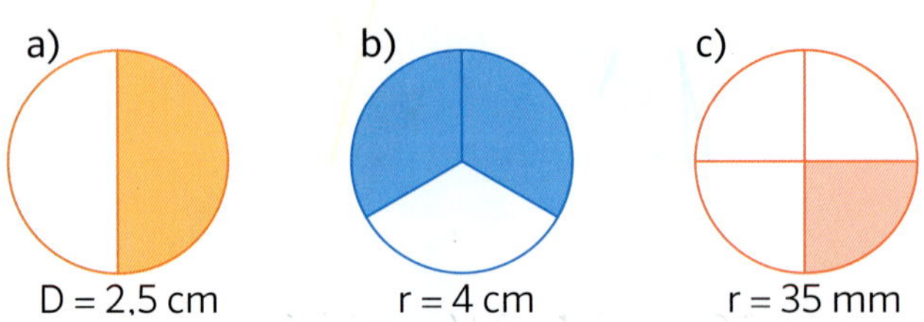

29 ¿Qué figura tiene mayor superficie? ¿Y mayor perímetro?

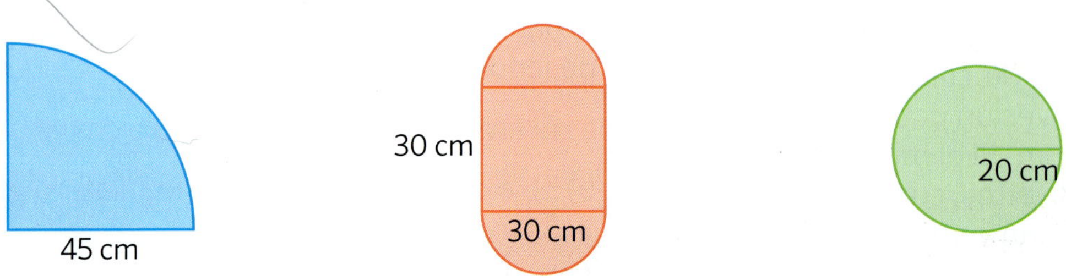

6 Descomponer figuras para hallar su área

Este árbol está formado por piezas del tangram. ¿Cuál es su área?

Para calcularla descomponemos el árbol en figuras de área conocida.

1.º Medimos los lados de las figuras y calculamos su área.

Área del cuadrado = lado × lado

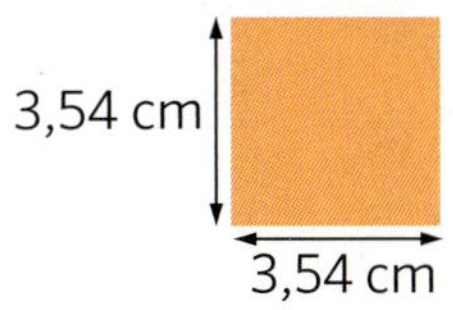

$3{,}54 \times 3{,}54 = 12{,}53$

Área = 12,53 cm^2

Área del romboide = base × altura

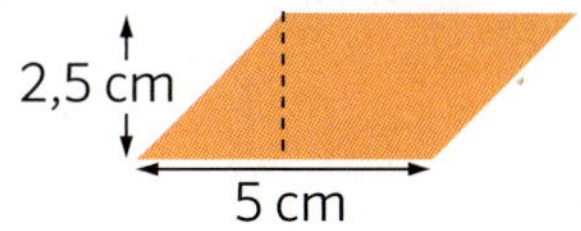

$5 \times 2{,}5 = 12{,}5$

Área = 12,5 cm^2

Área del triángulo = (base × altura) : 2

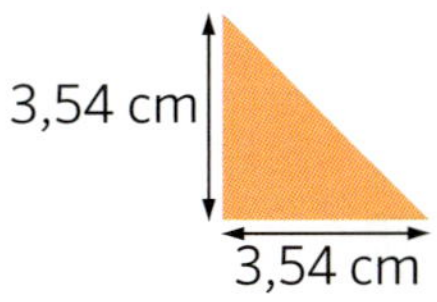

$(3{,}54 \times 3{,}54) : 2 = 6{,}266$

Área = 6,266 cm^2

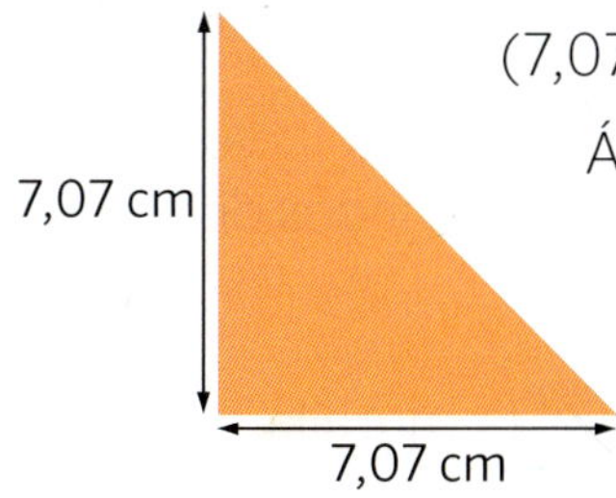

$(7{,}07 \times 7{,}07) : 2 = 25$

Área = 25 cm^2

2.º Para calcular el área total, sumamos el área de todos los polígonos que forman la figura.

$25 + 12{,}5 + 12{,}53 + 6{,}266 = 56{,}296$ → Área total = 56,296 cm^2

Para hallar el área de figuras compuestas, las descomponemos en figuras cuya área sepamos calcular.

30 Forma estas figuras con el tangram y calcula su área paso a paso.

Problemas

31 Martina ha comprado un tablero de madera para construir una casa para pájaros. Si mide 90,72 dm^2, ¿cuál de los siguientes tableros es?

A.

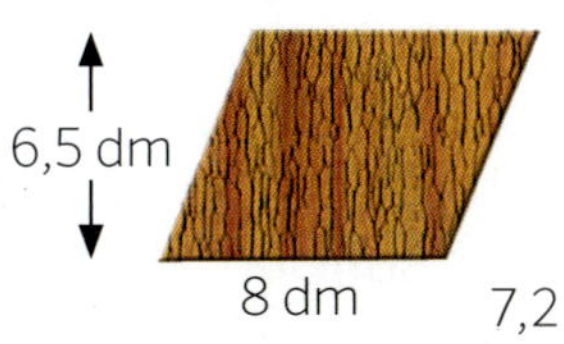

B.

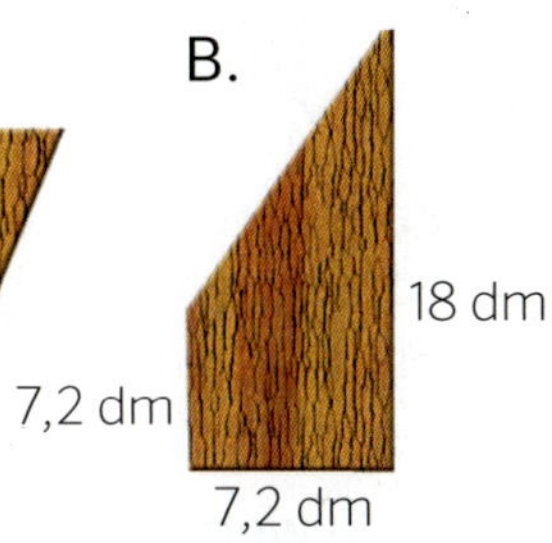

C.

Problemas

Estrategia: Estudiar casos más sencillos

Eduardo y sus compañeros preparan el decorado para la función de fin de curso. Han construido esta muralla con cartón. ¿Cuántos metros cuadrados de cartón han utilizado?

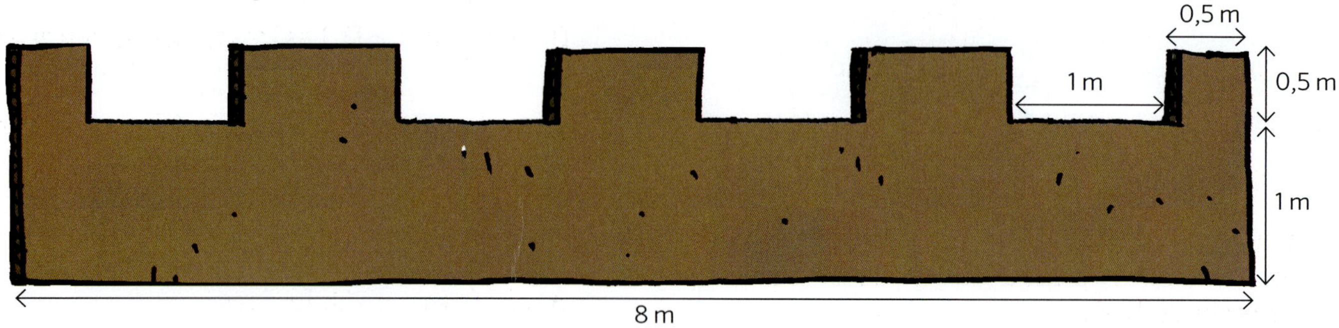

- ¿Qué nos pide el problema?

  Averiguar los metros cuadrados de cartón que se han utilizado, es decir, el área de la muralla.

- ¿Qué datos necesitamos?

  Las medidas de todos los lados de la muralla.

- ¿Cómo se resuelve?

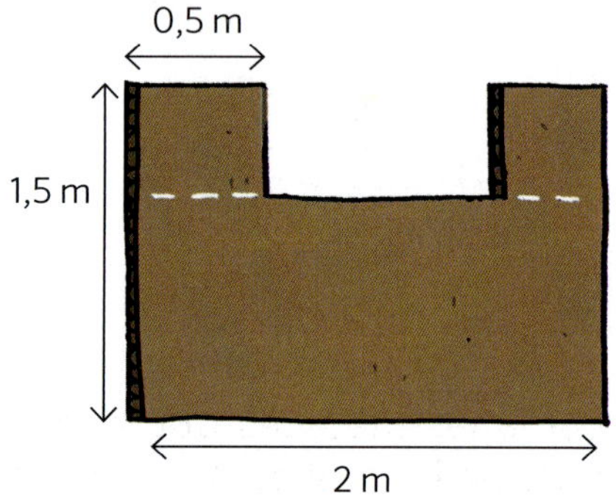

  1.° Descomponemos la muralla en figuras iguales más sencillas y hallamos primero el área cada una de ellas.

  - Área de un cuadrado = 0,5 m × 0,5 m = 0,25 m^2
  - Área del rectángulo = 2 m × 1 m = 2 m^2

  Área de la figura = 0,25 m^2 × 2 + 2 m^2 = 0,5 m^2 + 2 m^2 = 2,5 m^2

  2.° Obtenemos el área de la muralla multiplicando el área de la figura sencilla por 4.

  Área de la muralla = 4 × 2,5 m^2 = 10 m^2

▶ **Solución:** Han utilizado 10 m^2 de cartón.

➲ Calcula el área de la muralla de otra manera y comprueba que los resultados coinciden.

1 Para la función también quieren hacer una bandera como esta. ¿Cuántos decímetros cuadrados de cartulina roja necesitan? ¿Y de cartulina azul?

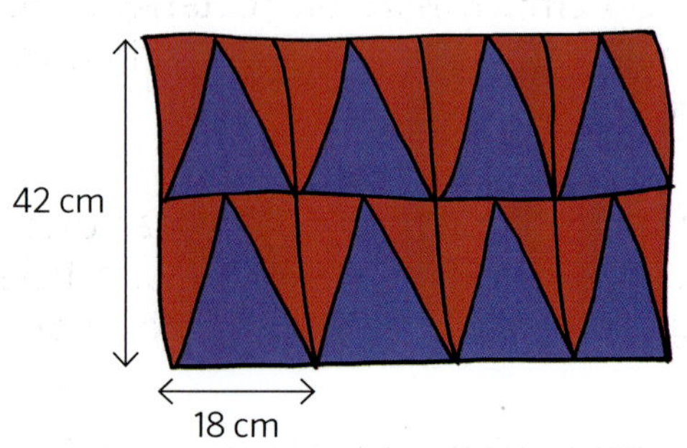

2 ¿Cuántos centímetros cuadrados de tela han empleado para realizar esta guirnalda?

Para hacerla, compraron dos trozos de tela, uno blanco y otro rojo, de 0,8 m de largo y 0,4 m de ancho cada uno. ¿Tuvieron suficiente tela?

smSaviadigital.com
RESUELVE PROBLEMAS Paso a paso en la web.

Utiliza tus estrategias

1 ¿Cuál es aproximadamente el área de este lago? Explica en tu cuaderno cómo lo has calculado.

2 Calcula cuánto cuesta el suelo de esta habitación si cada metro cuadrado de baldosas tiene un precio de 12 €.

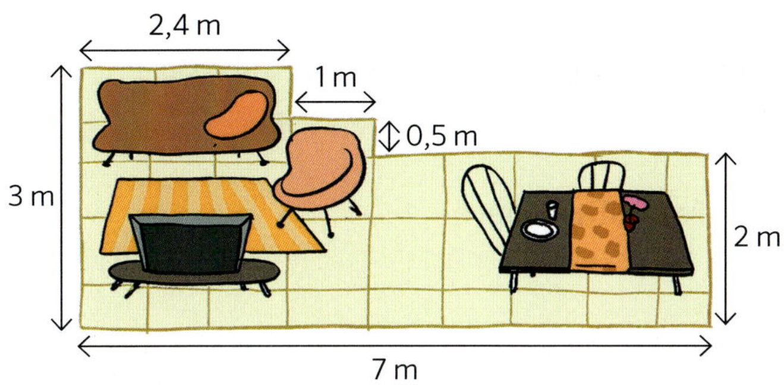

3 Toma las medidas que consideres necesarias para hallar el área de estas figuras. Fíjate bien en la unidad en la que la expresas.

4 Un triángulo, un rectángulo y un romboide tienen la misma base y la misma altura. ¿Cuál de las tres figuras tiene menor área?

A. Triángulo C. Romboide
B. Rectángulo D. Las tres tienen la misma área.

5 El radio de una tarta es de 20 cm. ¿Cuántos centímetros cuadrados tendrá una ración si dividimos la tarta en 8 partes iguales?

A. 7,85 cm^2 C. 50 cm^2
B. 157 cm^2 D. 15,7 cm^2

6 El perímetro de un cuadrado es de 12 m. ¿Cuál será su área?

A. 36 dm^2 C. 144 m^2
B. 324 m^2 D. 900 dm^2

7 Maite tiene una parcela rectangular que mide 90 m de largo y tiene 6.300 m^2 de área.

a) ¿Cuántos metros mide de ancho?

A. 90 m B. 80 m C. 70 m D. 60 m

b) La parcela de Nacho es rectangular. Su área y su anchura miden la mitad del área y la anchura del terreno de Maite. ¿Cuánto mide el largo de su parcela?

A. 60 m B. 70 m C. 80 m D. 90 m

Inventa un problema

8 Fíjate en la imagen y en los datos e inventa un problema con ellos. Después, resuélvelo.

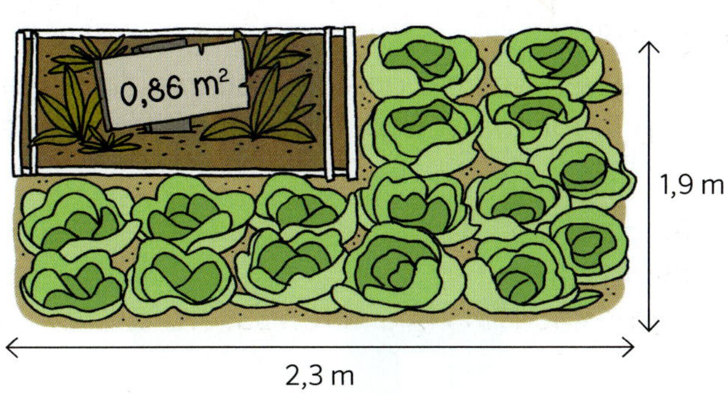

¿Tiene sentido?

9 El perímetro de un cuadrado es 24 cm, y su área, 36 cm^2. Dibuja un rectángulo con la misma área. ¿Tiene el mismo perímetro que el cuadrado inicial?

10 Para dibujar los aros olímpicos han dibujado círculos de 20 cm^2. En total, la superficie del dibujo es de 125 cm^2. ¿Es esto posible?

11 ¿Se puede cubrir el suelo de un salón con 18 dm^2 de madera?

Matemáticamente

Cálculo mental Multiplicar por 25

836 × 25

836 → × 100 → 83.600 → : 2 → 41.800 → : 2 → 20.900

836 × 25 es la mitad de la mitad de 836 × 100

1 Aplica las estrategias que acabas de aprender y resuelve estas operaciones en tu cuaderno.

125 × 25	75 × 25	54 × 25
43 × 25	56 × 25	260 × 25

2 El abuelo de Tomás está haciendo galletas. En cada bandeja del horno caben 25 galletas. Hoy ha horneado 36 bandejas. Calcula mentalmente cuántas galletas habrá en total al final del día.

smSaviadigital.com
PRACTICA Utiliza esta estrategia de **cálculo mental.**

Retos matemáticos

1 ¿Qué trozos de tela cubrirían una superficie total de 150 m^2?

0,000022 km^2 0,24 dam^2 2.600 dm^2 28.000.000 mm^2 270.000 cm^2

2 ¿Puedes formar con estas piezas dos figuras con la misma superficie y con diferente perímetro?

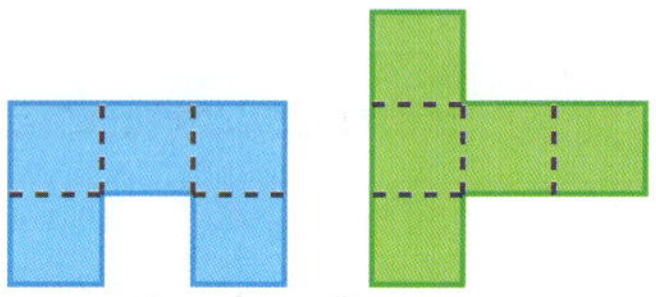

Repasa la unidad

Organiza tus ideas

Medir superficies

unidades de medida de superficie

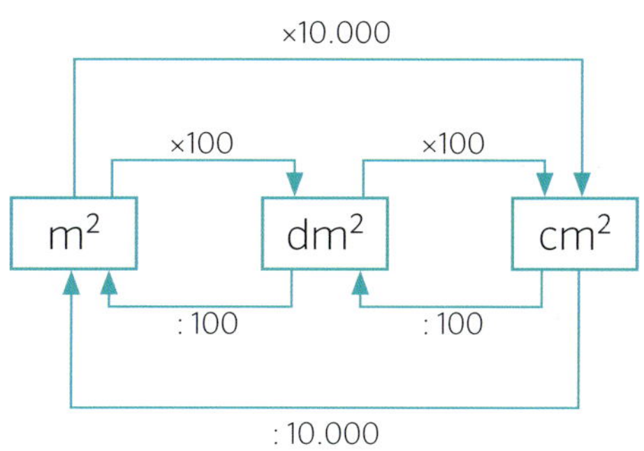

área de polígonos

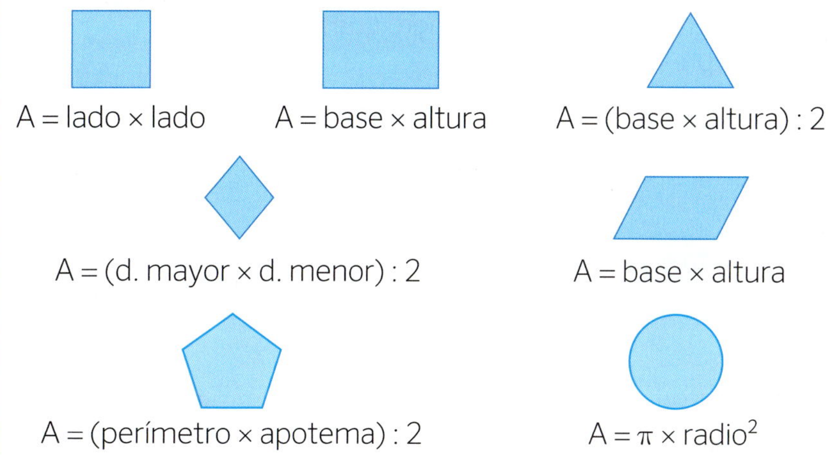

1. ¿Qué condición cumplen estos polígonos?

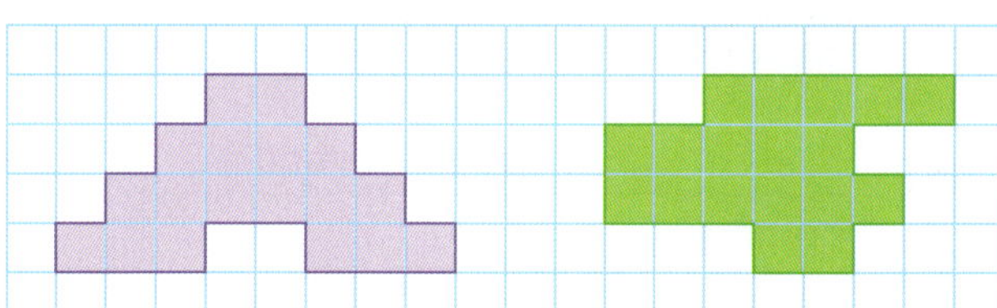

A. Tienen el mismo perímetro.
B. Tienen la misma área.
C. Las dos opciones anteriores son correctas.

2. Completa en tu cuaderno.

$3{,}4\ dm^2 = \bullet\bullet\bullet\ cm^2$ $\quad$ $1.900\ cm^2 = \bullet\bullet\bullet\ dm^2$

$12\ m^2 = \bullet\bullet\bullet\ dm^2$ $\quad$ $50\ dm^2 = \bullet\bullet\bullet\ m^2$

3. Mide con una regla y halla el área coloreada de estas figuras. ¿Cómo la has calculado? Explícalo.

A.

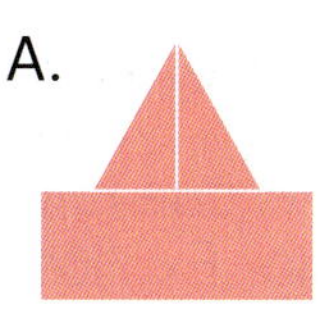

B.

4. ¿Cuál es el área de un círculo cuyo perímetro es 314 m?

Problemas

5. El suelo de la cocina de Pedro mide 12 m². Quiere cubrirlo utilizando el menor número posible de baldosas. ¿Cuál elegirá?

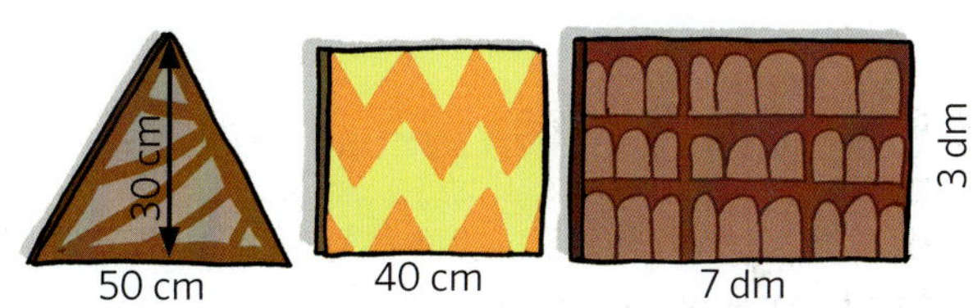

Piensa si tiene sentido tu solución.

6. Eva puede pintar 6 m² con un bote de pintura. ¿Cuántos botes necesita para pintar esta pared?

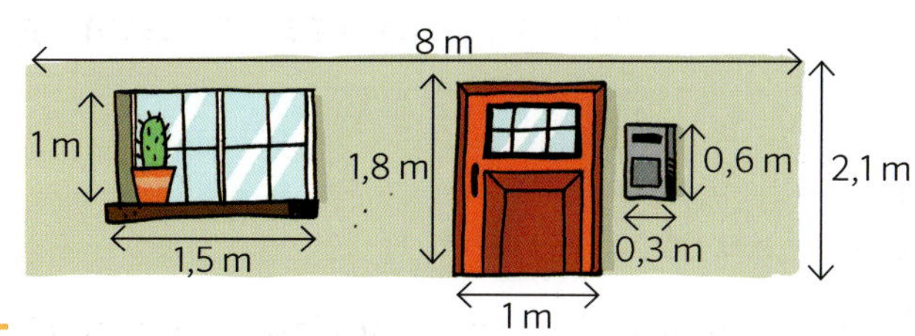

Vocabulario matemático

7. ¿Cuál de estas expresiones no tiene relación con las demás? Explica por qué.

superficie $\quad$ perímetro $\quad$ área $\quad$ m²

smSaviadigital.com
VALORA LO APRENDIDO Comprueba lo que sabes en la **autoevaluación**.

Repasa las unidades

1 Resuelve estas operaciones y escribe cómo se leen sus resultados.

59.287 + 2.718.430 5.042,39 – 975,6

2 Escribe en tu cuaderno el número que representa cada expresión.

a) $5 \times 10^4 + 8 \times 10^2 + 6 \times 10 + 3$

b) $4 \times 10^5 + 7 \times 10^3 + 9 \times 10^2 + 5$

3 Completa estas multiplicaciones en tu cuaderno.

234 × ••• = 23.400 0,32 × ••• = 320

3.245 × ••• = 32.450 4,97 × ••• = 497

4 ¿Qué división tiene el mayor cociente?

1.798 : 29 658,3 : 2 2.545,2 : 8

5 Escribe en tu cuaderno las fracciones que faltan.

$\frac{4}{7} + \frac{•}{•} = \frac{6}{7}$ $\frac{•}{•} - \frac{2}{10} = \frac{7}{10}$ $\frac{9}{12} - \frac{3}{5} = \frac{•}{•}$

6 Copia y completa en tu cuaderno.

54 m = ••• hm ••• mm = 1,96 dam

8 hℓ = ••• cℓ ••• dg = 8,7 dag

7 Resuelve estas operaciones.

73° 51' 19" + 80° 3' 42"

136° 6' 23" – 92° 10' 30"

8 ¿Qué representan estas figuras: una simetría, una traslación o un giro? Calcula su área.

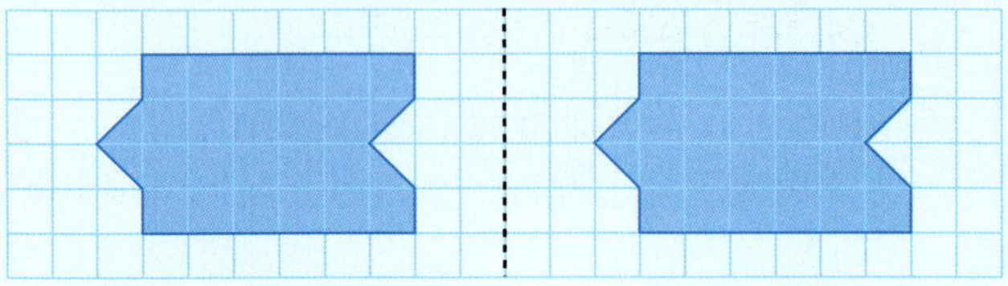

9 Mide estas figuras con la regla. Después, completa la tabla en tu cuaderno.

1. 2. 3.

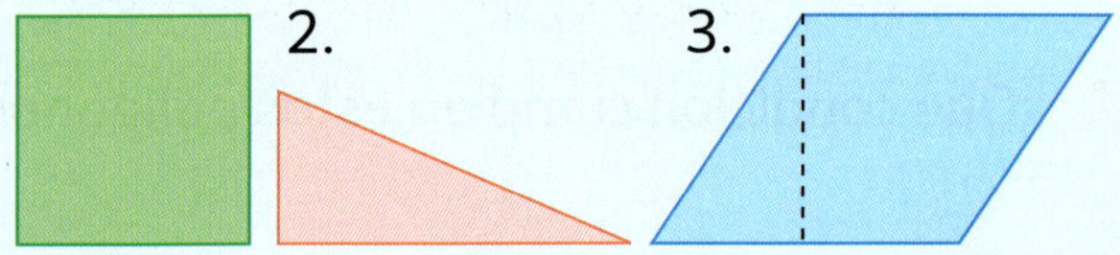

	figura 1	figura 2	figura 3
nombre	•••	•••	•••
base	•••	•••	•••
altura	•••	•••	•••
perímetro	•••	•••	•••
área	•••	•••	•••

Problemas

10 El papel de tamaño A1 es la mitad del A0, el A2, la mitad del A1, y así sucesivamente.

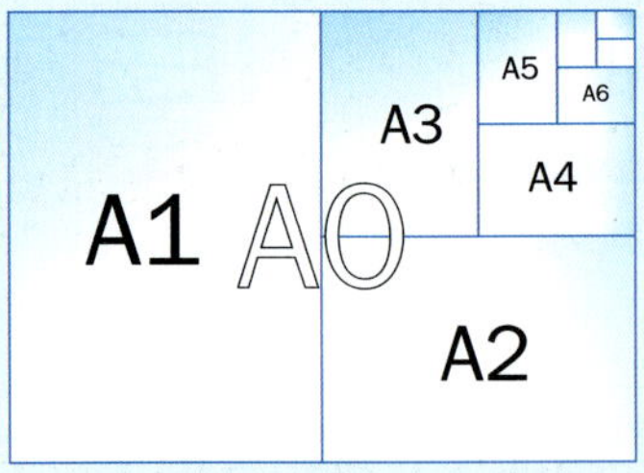

a) Si el área del papel de tamaño A0 mide 1 m², ¿cuántos centímetros cuadrados mide el A4?

b) Mide los lados de una hoja A4 con una regla y comprueba el resultado anterior.

11 Fíjate en estos jardines.

a) Si los dos tienen el mismo perímetro, ¿cuánto mide el lado del jardín triangular?

b) ¿Cuál de estos datos es el que falta para calcular el área del triángulo? Explica por qué.

A. 3,8 m B. 4,1 m C. 3,5 m D. 2,8 m

c) Si plantan flores en dos tercios de cada jardín, ¿qué área siembran en cada uno?

Ponte a prueba

Mide y compara el suelo de tu clase

1. Observa el suelo de tu clase. ¿Cómo podrías calcular su área aproximadamente sin utilizar una cinta métrica?
   - En grupo, explicad cómo lo habéis calculado. ¿Habéis utilizado todos la misma estrategia?

2. ¿Cómo podrías medirlo de manera exacta? Explica dos posibles formas de hacerlo.
   - Compara tus respuestas con las de dos compañeros y elegid la opción que os parezca más adecuada. Justificad la elección.

3. Mide el área del suelo de tu clase con la opción que hayas elegido en la actividad anterior.
   - ¿Coincide el resultado con la aproximación de la actividad 1? Si no coincide, averigua por qué.

Tarea final — Traza y compara superficies

PASO 1 Toma una hoja cuadriculada y dibuja una figura geométrica con una regla.

Las líneas deben comenzar y terminar en los vértices de las cuadrículas.

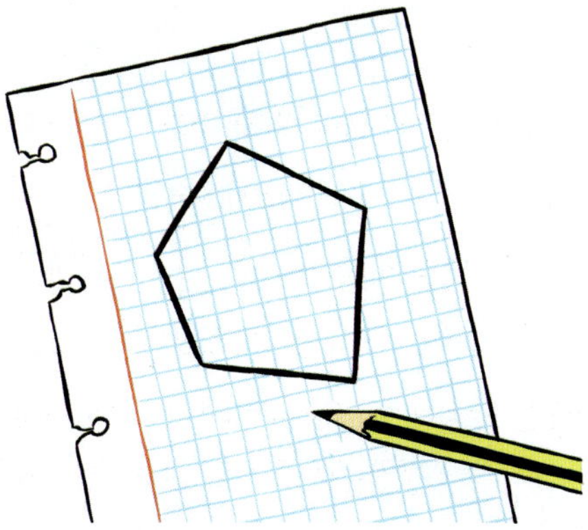

PASO 2 Únete a un compañero y entre los dos cubrid con fichas las superficies que habéis dibujado.

PASO 3 Anotad el número de fichas que caben en cada figura. ¿Cuál es mayor?

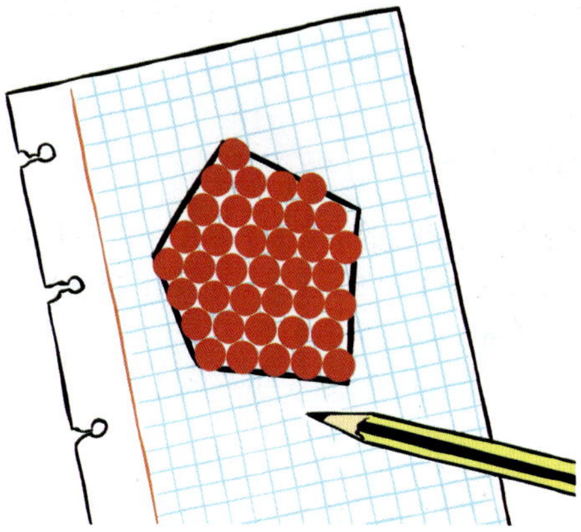

PASO 4 Calculad el área de una ficha y estimad el área de las figuras en centímetros cuadrados y en decímetros cuadrados. Explicad si es correcta la estimación hecha con las fichas.

smSaviadigital.com
VALORA LO APRENDIDO **¿Cómo has trabajado** en esta tarea?

unidad

12 Los cuerpos geométricos

¡Qué importante es... el autocontrol!

Hay situaciones que nos producen inseguridad. En esos momentos, es importante manejar esas sensaciones y actuar con serenidad porque, en realidad, somos más capaces de lo que pensamos.

Tarea final

Al final de la unidad, construirás un castillo con figuras geométricas e inventarás un problema relacionado con él. También observarás qué situaciones de la tarea te han producido más inseguridad y cómo afrontarlas con serenidad.

La forma de un balón

Andrés, su pandilla y Berto, el dragón matemático que conoció en el bosque, entran en el gran castillo de las matemáticas. Allí encuentran personajes fantásticos que les plantean complejos problemas a modo de acertijo a los que tienen que dar respuesta. Entre los personajes del castillo se encuentran tres payasos diabólicos que realizan a Andrés preguntas sobre geometría.

—Mi pregunta es: ¿Qué figura geométrica es un balón de fútbol de reglamento y por qué figuras está conformado? Como verás son dos preguntas en una. No me podrás llamar tacaño.

[...]

—Ya lo he pensado. Mi respuesta es: Un balón de fútbol de reglamento es un poliedro, a su vez, está compuesto por hexágonos y pentágonos que son polígonos.

—¡Aggggggggg! Es correcto. Los cuerpos geométricos que poseen caras planas formadas por polígonos se llaman: Poliedros. ¡Maldición! Lo sabías, la mayoría me dice que un balón de reglamento es una esfera y los devoro con placer.

Mario Campos Pérez. *Andrés y el Dragón Matemático*.
Laertes editorial

Hablamos

1. ¿Cuál es la pregunta que hace el payaso a Andrés? Escríbela con tus propias palabras.

2. ¿Por qué el payaso devora a los que dicen que el balón es una esfera?

3. ¿Qué polígonos forman el balón de fútbol? Dibújalos. Explica la diferencia entre un polígono y un poliedro.

1 Los poliedros. Poliedros regulares

Olivia empaqueta un regalo en una caja. Todas sus caras son polígonos, por eso es un poliedro.

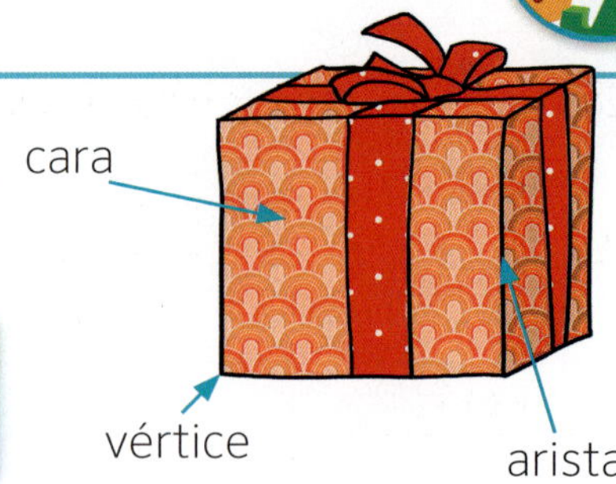

Un **poliedro** es un cuerpo geométrico cuyas caras son polígonos. Los elementos de un poliedro son **caras**, **vértices** y **aristas**.

Los poliedros pueden ser:

prismas

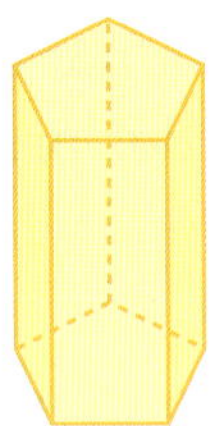

Dos bases paralelas que son polígonos iguales. Las caras laterales son paralelogramos.

pirámides

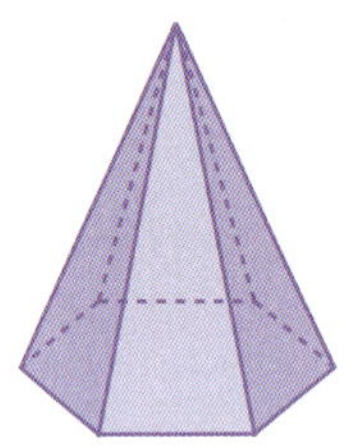

Una sola base que es un polígono. Las caras laterales son triángulos.

otros poliedros

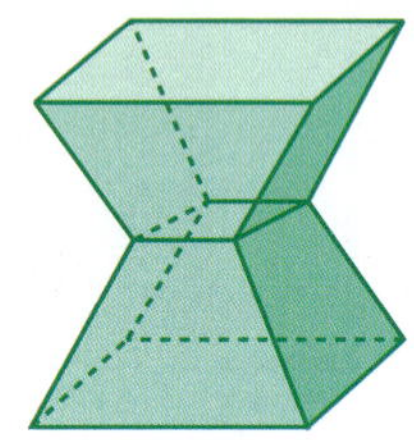

Las caras están formadas por cualquier polígono.

Un **poliedro es regular** si todas sus caras son polígonos regulares iguales y en cada uno de sus vértices concurren el mismo número de caras.

Existen solo **5 poliedros regulares**.

tetraedro

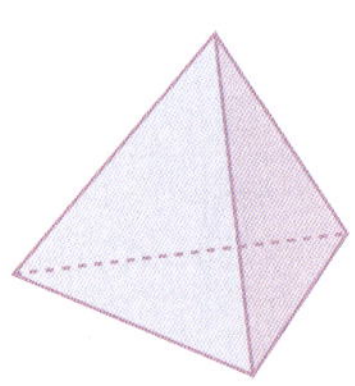

4 caras que son triángulos equiláteros.

cubo

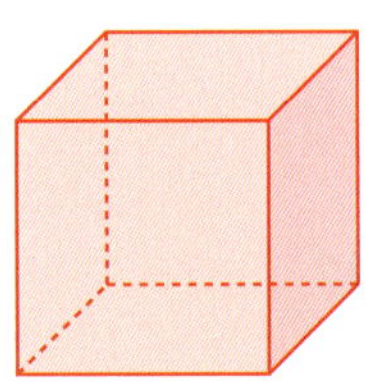

6 caras que son cuadrados.

octaedro

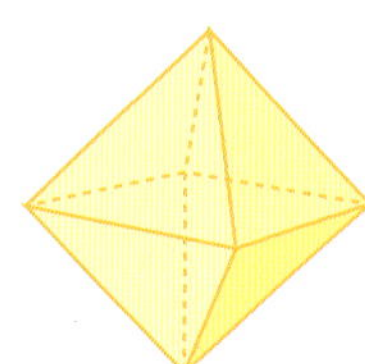

8 caras que son triángulos equiláteros.

dodecaedro

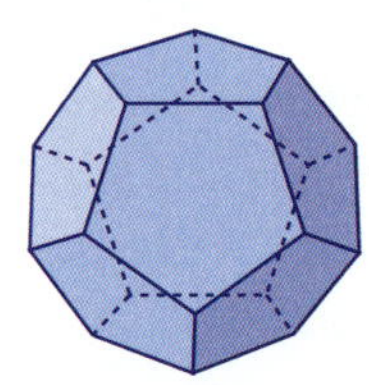

12 caras que son pentágonos regulares.

icosaedro

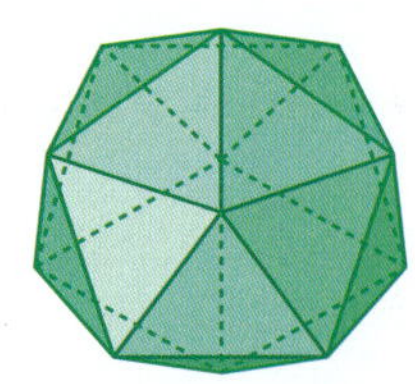

20 caras que son triángulos equiláteros.

1 ¿Cuáles de estos objetos tienen forma de poliedro?

2 Busca a tu alrededor un objeto con forma de poliedro, señala todas sus caras, recorre con el dedo las aristas y marca sus vértices, por ejemplo, con un *gomet*. Luego dibújalo y señala sus elementos.

3 Completa la tabla en tu cuaderno.

poliedro regular	número de caras	número de vértices
●●●	6	8
octaedro	●●●	6
●●●	12	20
icosaedro	●●●	12

Compara el número de vértices y caras de cada poliedro regular. ¿Qué observas?

4 ¿Cuál de estos poliedros es regular?

A. B. C.

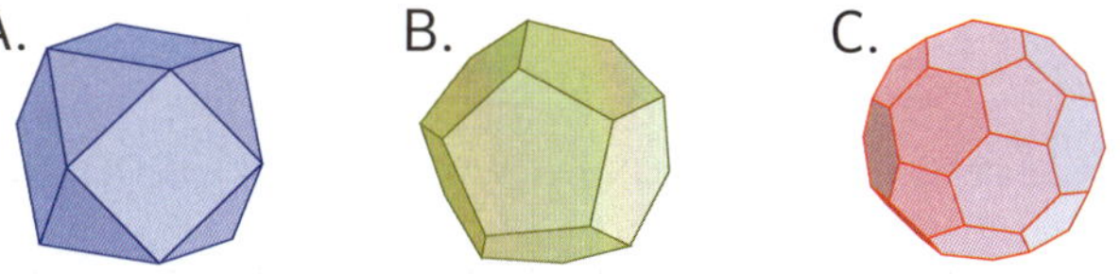

Explica por qué no son regulares el resto de poliedros.

5 Razona si son verdaderas o falsas las siguientes frases.

a) Un poliedro regular cuyas caras son triángulos equiláteros y tiene doce aristas es un octaedro.

b) Las caras de un icosaedro son pentágonos.

6 smSaviadigital.com PRACTICA Entra en la web y comprueba lo que sabes sobre los poliedros.

Problemas

7 Cayetana ha conseguido resolver este cubo de Rubik.

Ten en cuenta

Área de un cuadrado

Área = lado × lado

a) ¿Cuántas pegatinas cuadradas del mismo color hay en cada cara?

b) Si la arista del cubo mide 6,4 cm, ¿cuál es el área de una cara? ¿Y la del cubo?

Taller de matemáticas manipulativas

Construir poliedros con el libro de espejos

1.º Abrimos el libro de espejos formando un ángulo recto y colocamos un cuadrado apoyado en las paredes del espejo, tal y como se muestra en la fotografía.

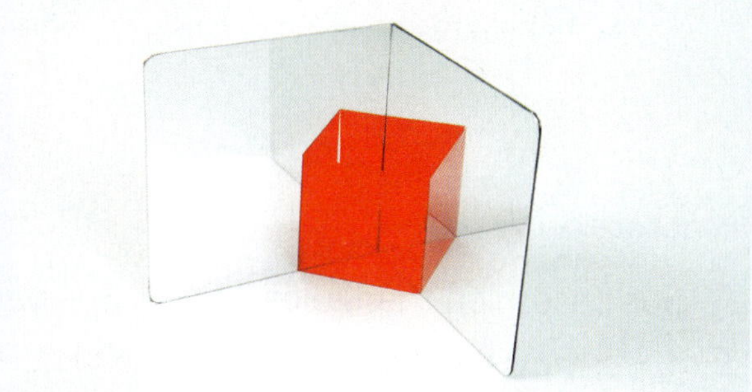

La figura que se forma es un cubo.

2.º Vamos cerrando el ángulo que forma el libro de espejos y observamos cómo cambia el prisma.

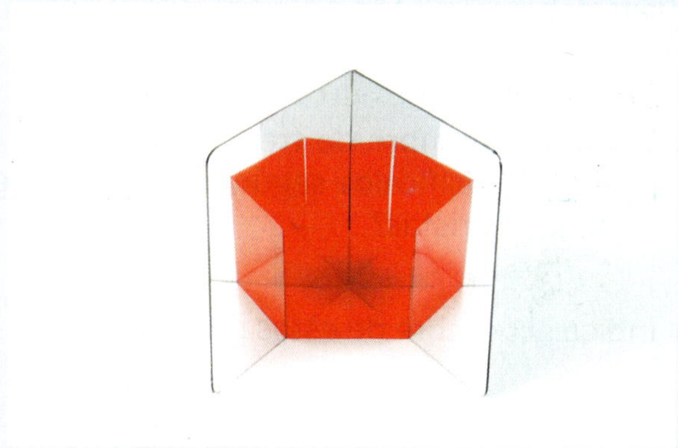

Observa que si formamos con el libro de espejos un ángulo de 60°, la figura que se forma es un prisma de base hexagonal.

1 Coloca un triángulo isósceles en el libro de espejos para formar una pirámide.

Si abrimos el libro de espejos con una amplitud de 90°, ¿qué forma tiene el polígono de la base?

2 ¿Qué polígono colocarías en el libro de espejos para ver un tetraedro?

3 ¿Qué prisma se forma con un rectángulo?

2 Los prismas

Quique y su padre han montado una tienda de campaña en el jardín. La tienda de campaña tiene forma de prisma triangular.

Los prismas se clasifican **según sea el polígono de sus bases**.

prisma triangular	prisma cuadrangular	prisma pentagonal
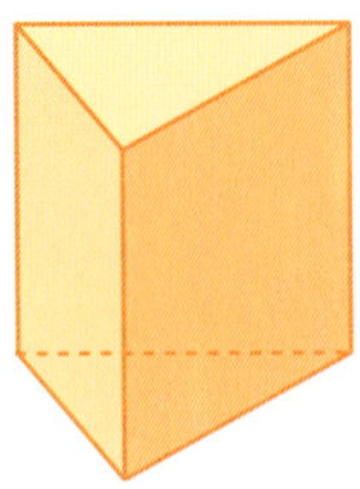	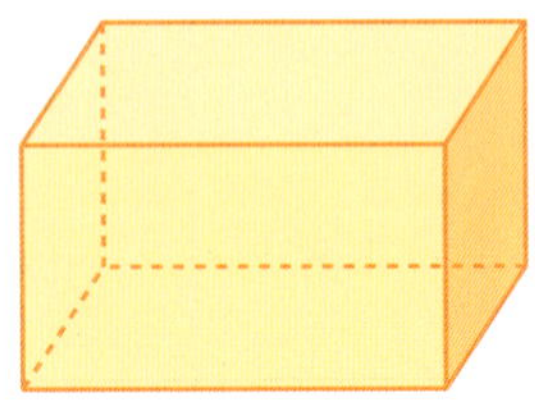	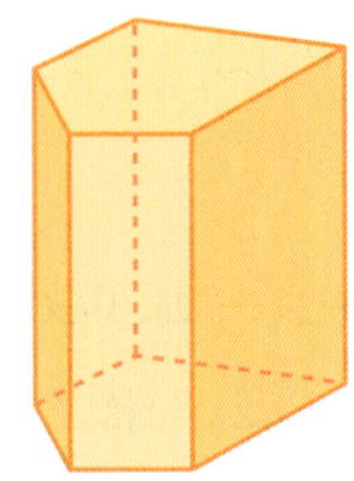
Sus bases son triángulos.	Sus bases son cuadriláteros.	Sus bases son pentágonos.

Observa que un prisma tiene tantas caras laterales como lados tiene el polígono de sus bases.

Un **prisma** es un poliedro formado por **dos bases** que son polígonos iguales y paralelos, y por **caras laterales** que son paralelogramos.

8. Escribe el nombre de tres objetos de tu entorno que tengan forma de prisma y clasifícalos según el polígono de sus bases. ¿Cuántos vértices tienen? ¿Y aristas?

9. Indica el nombre de estos prismas.

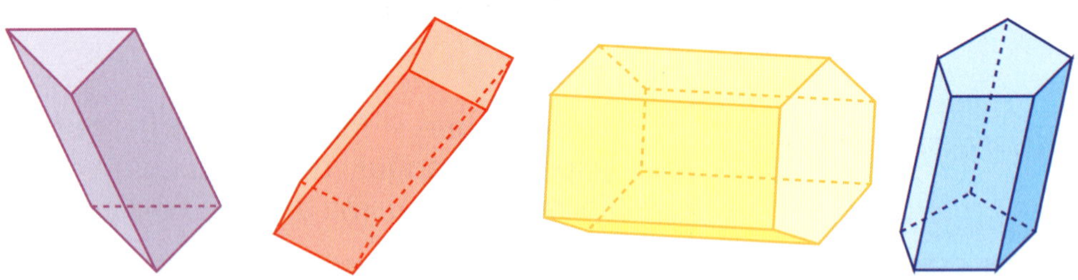

10. ¿Qué prismas reconoces en las siguientes imágenes? Nómbralos.

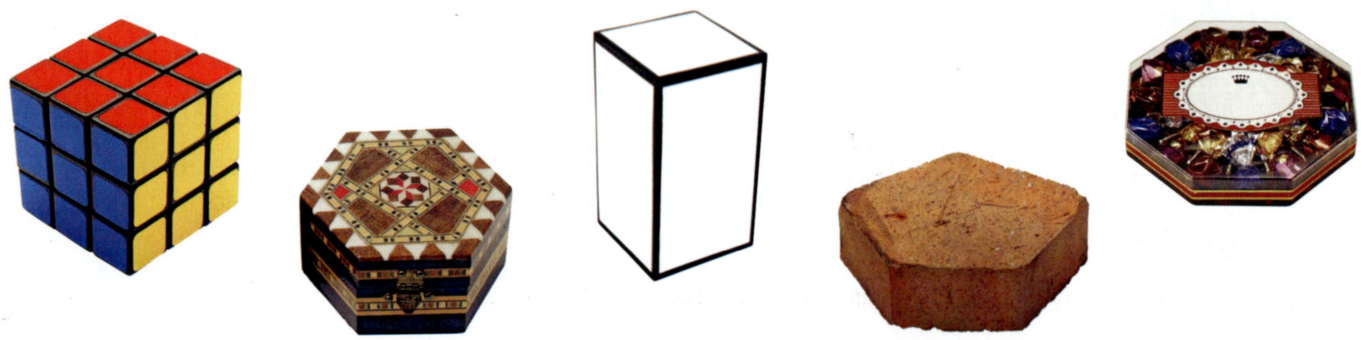

11 ¿Cuál de estas figuras está formada por más cubos?

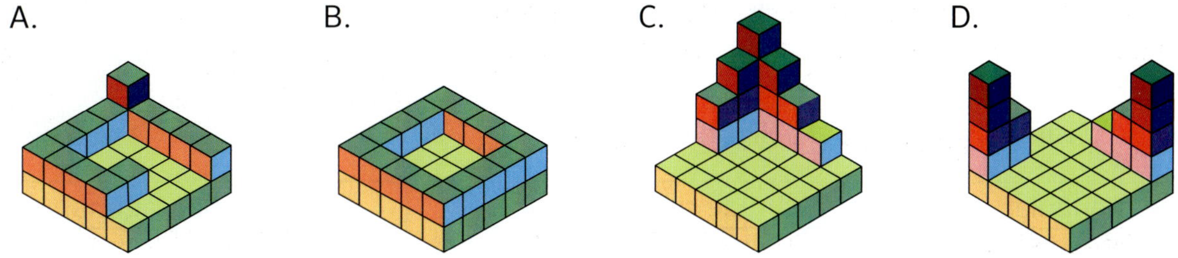

12 Por parejas, responded a estas preguntas.

a) ¿Alguno de los cinco poliedros regulares es un prisma?

b) ¿El número de vértices de un prisma es siempre par?

c) ¿Es lo mismo un prisma cuadrangular que un cubo?

13 Claudia ha dibujado un prisma con 6 vértices, ¿cuántas aristas tiene?

A. 8 aristas

B. 10 aristas

C. 9 aristas

D. 12 aristas

Problemas

14 Una empresa está pintando la fachada de un colegio que tiene forma de prisma con base cuadrada. Su altura mide 16 m, y el perímetro de la base, 36 m.

a) Dibuja un esquema del edificio indicando las medidas de sus lados.

b) ¿Cuál es el área de la fachada? Explica cómo lo has averiguado.

c) La empresa cobra 16,85 € por pintar cada metro cuadrado de fachada. Si la superficie total que ocupan las ventanas y la puerta de entrada es de 17,8 m^2, ¿cuánto cobrará por pintar el colegio?

Ten en cuenta

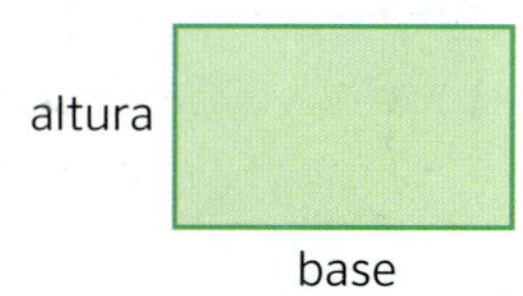

Área = base × altura

15 ¿Qué poliedros pueden producir estas sombras?

a) Dibújalos en tu cuaderno.

b) ¿Cómo lo has deducido? Compara tu respuesta con tu compañero.

3 Las pirámides

Esta es la torre de la iglesia del pueblo de César. El tejado tiene forma de pirámide.

Las pirámides se clasifican **según sea el polígono de su base**.

pirámide triangular	pirámide cuadrangular	pirámide pentagonal
Su base es un triángulo.	Su base es un cuadrilátero.	Su base es un pentágono.

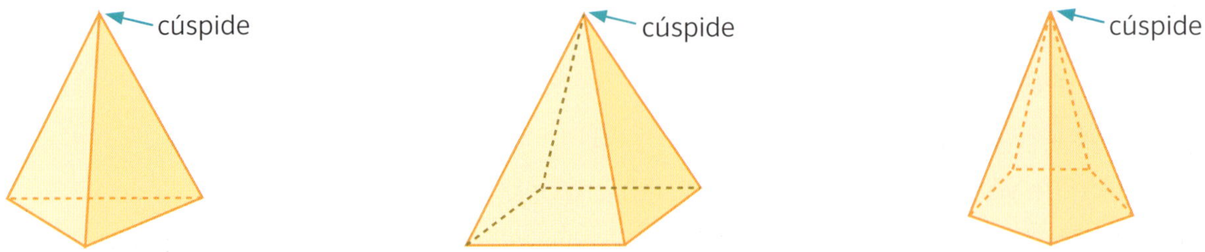

Observa que una pirámide tiene tantas caras laterales como lados tiene el polígono de su base.

Una **pirámide** es un poliedro formado por **una base** que es un polígono y por **caras laterales** que son triángulos. El vértice donde se unen todas estas caras laterales se llama **cúspide**.

16 ¿Cuáles de estos objetos tienen forma de pirámide?

17 Construye estas pirámides con palillos y plastilina y completa la tabla en tu cuaderno.

	pirámide triangular	pirámide cuadrangular	pirámide pentagonal
polígono de la base	•••	•••	•••
n.º de caras	•••	•••	•••
n.º de vértices	•••	•••	•••
n.º de aristas	•••	•••	•••

Nota Utiliza los palillos como aristas de la pirámide y haz bolitas de plastilina para los vértices.

18 Dibuja una pirámide cuya base sea un octógono.

a) ¿Cuántas caras laterales tiene?

b) ¿Cuántos vértices?

c) ¿Y si su base fuera un polígono de 20 lados?

19 Dibuja y nombra, si es posible, pirámides con estas características:

6 aristas y 4 vértices	5 vértices y 8 aristas	6 vértices y 9 aristas

20 Observa este cuerpo geométrico. ¿Es una pirámide?

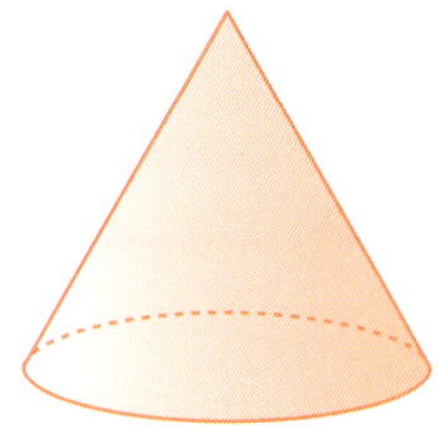

A. Sí, porque tiene cúspide.

B. No, porque sus caras no son polígonos.

C. Sí, porque tiene una cara lateral y una base.

D. No, porque tiene una sola base.

21 Por parejas, responded a estas preguntas.

a) ¿Todas las pirámides triangulares son tetraedros?

b) ¿Qué pirámides unirías para formar un octaedro?

c) ¿El número de vértices de una pirámide es siempre impar?

smSaviadigital.com
PRACTICA Entra en la web y comprueba lo que sabes sobre las pirámides.

Problemas

22 Ana y sus padres han ido a la feria matemática.

a) Ana ha identificado 6 poliedros diferentes, ¿y tú? Escríbelos en tu cuaderno.

b) Hay una oferta que dice: "Si compras paquetes de tres objetos que sean un prisma, una pirámide y un poliedro regular te regalamos un tangram". ¿Cuántos paquetes distintos llevarán un bizcocho de chocolate y una piruleta?

23 Observa la pirámide de Keops.

a) ¿Qué tipo de pirámide es?

b) ¿Qué polígono forma su cara lateral?

c) Calcula el área de la base.

d) Si una cancha de baloncesto mide 15 m de ancho por 28 m de largo, ¿cuántas canchas caben en la superficie que ocupa la pirámide?

4 Los cuerpos redondos

En su juego de construcción Roberto tiene cilindros, conos y esferas.

El cilindro, el cono y la esfera son **cuerpos redondos**. Se obtienen al hacer girar una figura plana alrededor de un eje.

cilindro

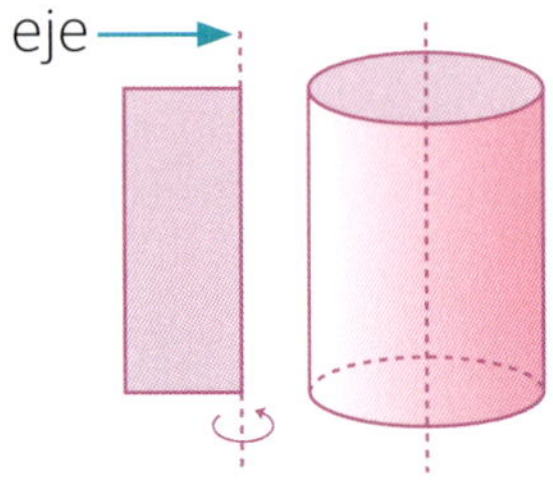

Un **cilindro** es un cuerpo redondo formado por dos bases paralelas e iguales, que son círculos, y por una superficie lateral curva.

cono

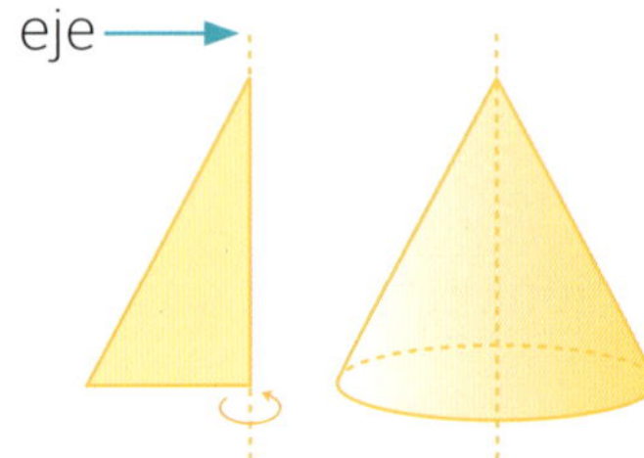

Un **cono** es un cuerpo redondo formado por una base, que es un círculo, y por una superficie lateral curva.

esfera

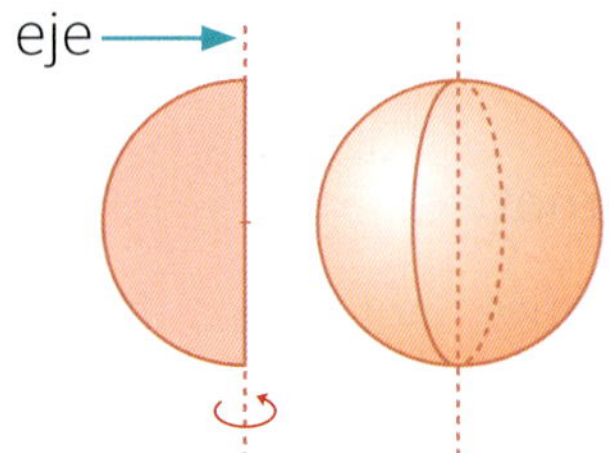

Una **esfera** es un cuerpo redondo sin caras, formado por una sola superficie curva.

24 ¿Qué forma tienen estos objetos? Clasifícalos en cilindros, conos o esferas.

a) 

b) 

c) 

d) 

25 Indica el cuerpo redondo que genera cada una de estas figuras.

a) 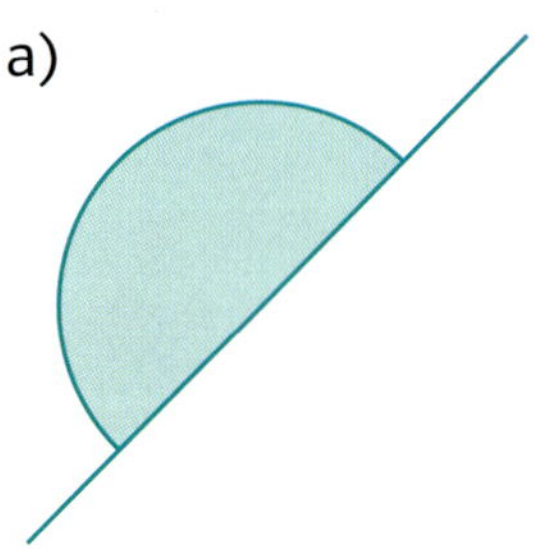

b) 

c) 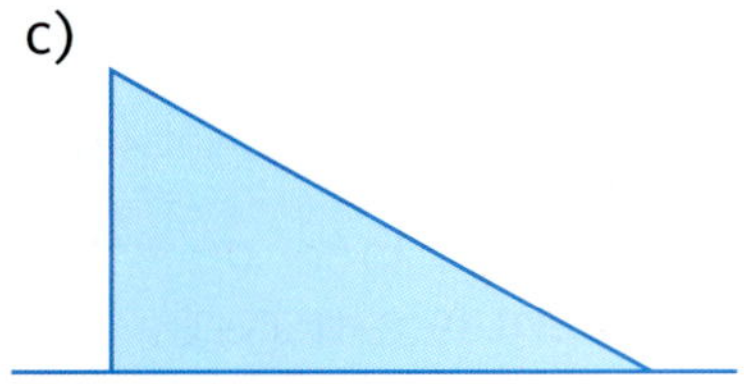

26 ¿Cuántos círculos máximos hay en una esfera? Razona tu respuesta.

27 Clasifica los siguientes objetos y nómbralos.

a) 

b) 

c) 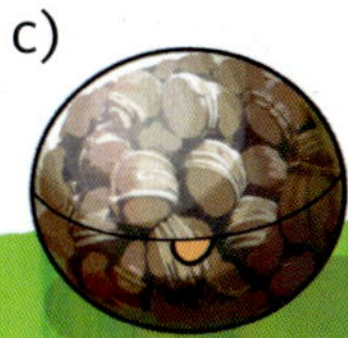

28 Completa la siguiente frase con la opción correcta.

"El cilindro, el cono y la esfera...

A. ... son cuerpos cuyas caras son círculos".

B. ... tienen dos bases que son círculos y una superficie curva".

C. ... se forman haciendo girar un polígono".

D. ... son poliedros y cuerpos redondos".

Ten en cuenta

Al cortar una esfera en dos partes iguales, obtenemos una semiesfera.

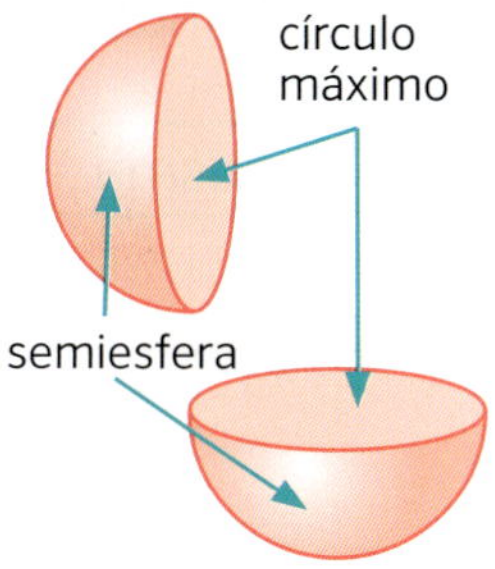

Problemas

29 Rocío hace castillos de arena en la playa con dos moldes que tienen la misma base y la misma altura. ¿En qué molde crees que cabe más arena? Explica por qué.

30 En el molde en forma de cono del problema anterior cabe la tercera parte de la arena que cabe en el cilindro. ¿Cuántas veces tiene que verter la arena del cono al cilindro para llenarlo?

31 Al hermano de Mateo le han regalado un tentetieso.

a) ¿Qué tipo de cuerpo redondo es cada parte del muñeco?

b) Dibuja un esquema del tentetieso desmontado.

c) Si el diámetro de la semiesfera mide 20 cm, ¿cuál es el radio de la base de las otras figuras?

smSaviadigital.com
PRACTICA Entra en la web y comprueba lo que sabes de los cuerpos redondos.

5 Construcción de cuerpos geométricos

Diego ha construido la maqueta del edificio donde vive. Para poder construirlo ha dibujado primero su desarrollo plano.

Podemos construir cuerpos geométricos a partir de sus **desarrollos planos**:

prisma

La bases son polígonos y las caras laterales son paralelogramos.

pirámide

La base es un polígono y las caras laterales son triángulos.

cilindro

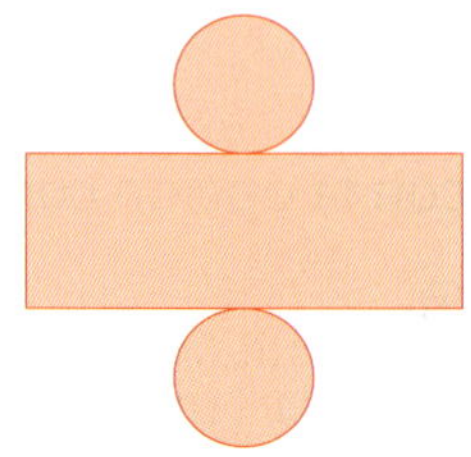

Las bases son círculos y la cara lateral es un paralelogramo.

cono

La base es un círculo y la cara lateral es un sector circular.

Los desarrollos planos de los cinco poliedros regulares son los siguientes:

tetraedro

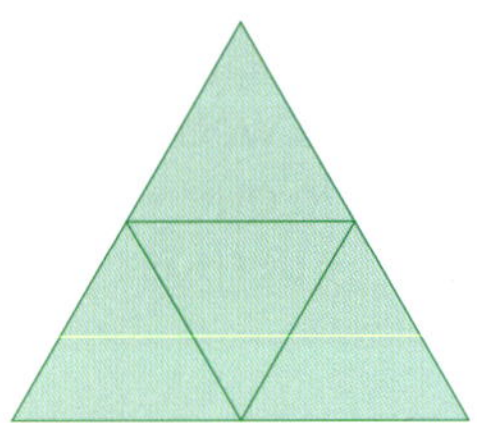

hexaedro

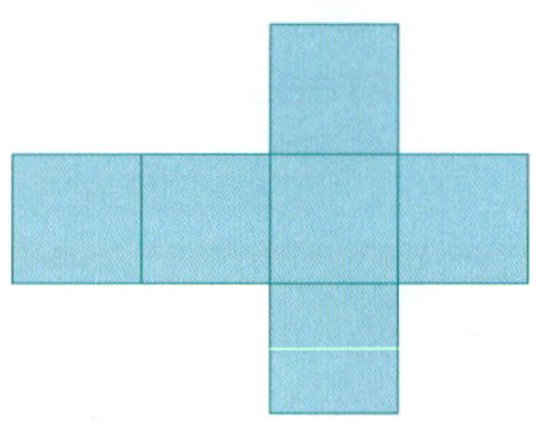

octaedro

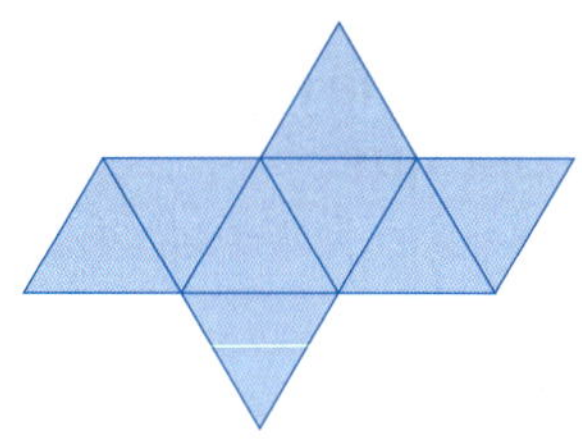

dodecaedro

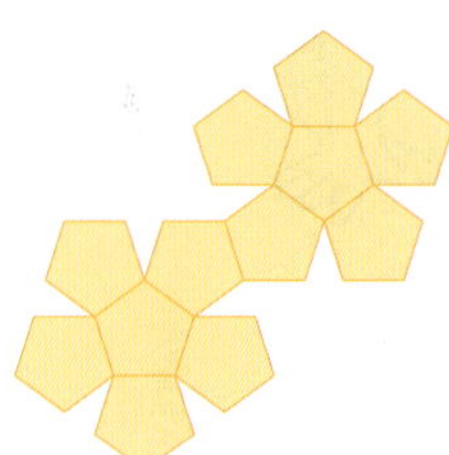

icosaedro

32 ¿Qué cuerpos geométricos forman cada uno de estos desarrollos?

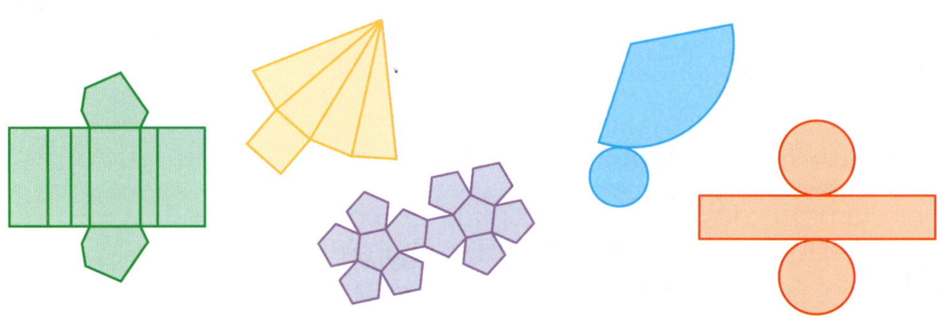

Ten en cuenta

Para construir un poliedro, doblamos y unimos los polígonos de su desarrollo plano.

33 ¿Cuál de estas figuras corresponde al desarrollo de un cono?

A.

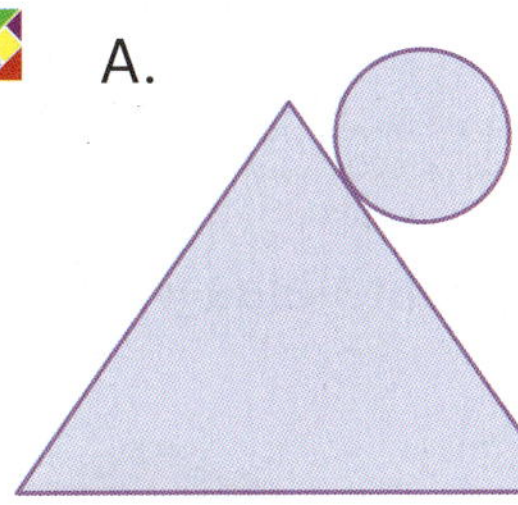

B.

C.

D.

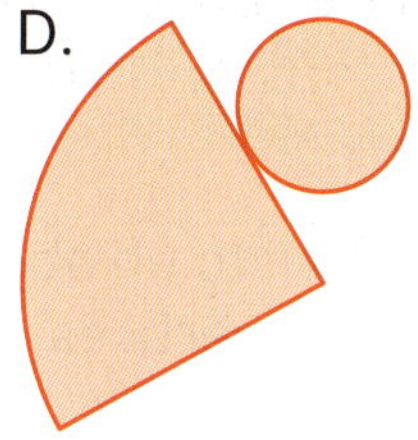

Problemas

34 David construye calendarios de mesa para venderlos en el mercadillo solidario del colegio.

smSaviadigital.com
PRACTICA Construye desarrollos planos.

a) ¿Qué forma geométrica tiene el calendario?

b) Si el área de la base es de 0,3 dm^2 y el de una cara lateral es de 1,45 dm^2, ¿qué superficie de cartulina necesita para cada calendario?

35 Para disfrazarse en la fiesta de fin de curso, los alumnos de 5.º de Primaria preparan gorros con forma de pirámide pentagonal.

A.

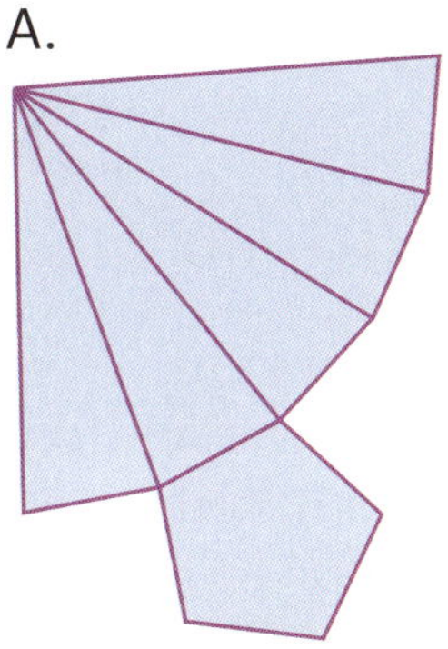

B.

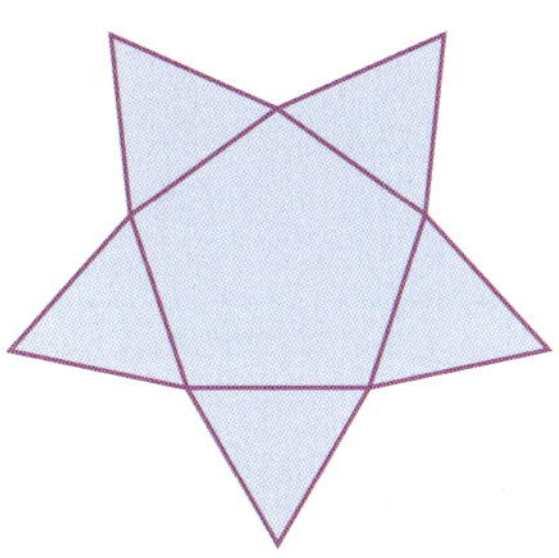

C.

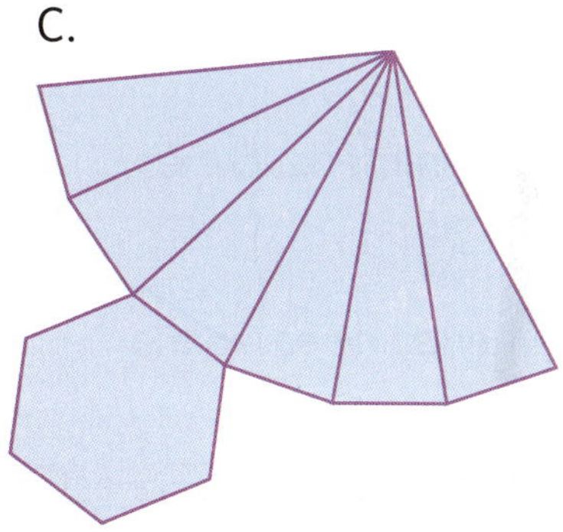

a) ¿Cuál de estos desarrollos corresponde al del gorro que están preparando? Explica cómo lo has averiguado.

b) El material para fabricar un gorro cuesta 3,45 €. Si tienen que hacer 52, ¿cuánto costará hacer todos los gorros?

c) Entre una pareja de alumnos confeccionan un gorro en media hora, aproximadamente. ¿Cuántos gorros harán en 5 horas?

Problemas

Estrategia: Eliminar posibles respuestas

Daniel ha visto un objeto que tiene más de 4 caras poligonales. Si solo 2 de ellas son paralelas y tiene menos de 8 vértices, ¿cuál de ellos ha visto?

- ¿Qué nos pide el problema?

  Averiguar el objeto que ha visto Daniel.

- ¿Qué datos necesitamos?

  - La imagen de los objetos.
  - Las características del objeto: más de 4 caras poligonales, 2 caras paralelas y menos de 8 vértices.

- ¿Cómo se resuelve?

  Eliminamos los objetos que no correspondan a las características dadas.

1.º Objetos que tengan 4 caras poligonales o menos.

2.º Objetos que tengan más de 2 caras paralelas o ninguna.

3.º Objetos que tengan 8 o más vértices.

El objeto que cumple todas las características es: 

▶ **Solución**: Daniel ha visto la tienda de campaña.

➲ Comprueba que la tienda de campaña cumple las condiciones del enunciado.

1. ¿Qué objeto habría visto Daniel si tuviera más de 4 caras y ninguna de ellas fuera paralela a la otra? Explica cómo lo has averiguado.

2. ¿Cuántas pistas deberían cumplirse para que el objeto visto por Daniel fuera la urna? Escríbelas en tu cuaderno.

smSaviadigital.com
RESUELVE PROBLEMAS Paso a paso en la web.

Utiliza tus estrategias

1. ¿Qué prisma tiene 12 aristas? Dibújalo en tu cuaderno.

2. Dibuja 3 torres distintas con 9 piezas cúbicas. Todas deben comenzar como la que está construyendo Lola.

3. Calcula el área lateral de las torres que has construido en la actividad anterior. ¿Cuál es la que tiene mayor superficie lateral?

4. Emilio quiere construir una caja de bombones y ha empezado a dibujar su plantilla. Complétala en tu cuaderno para que tenga 6 caras en total.

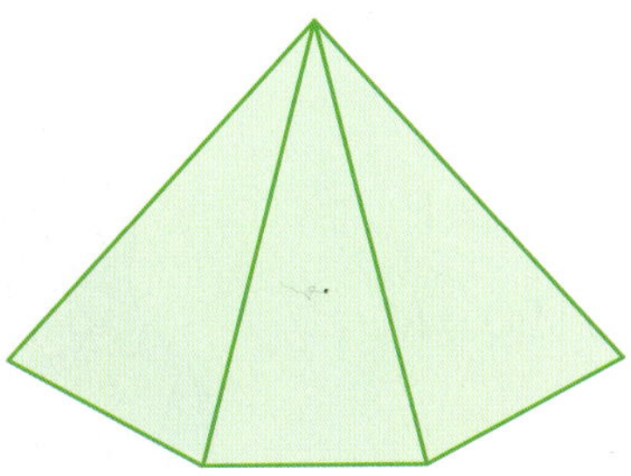

5. ¿Cuántas aristas tiene una pirámide si su base es un hexágono?

A. 6
C. 12
B. 8
D. 18

6. ¿Con cuál de estos desarrollos puede construirse un cilindro?

A.
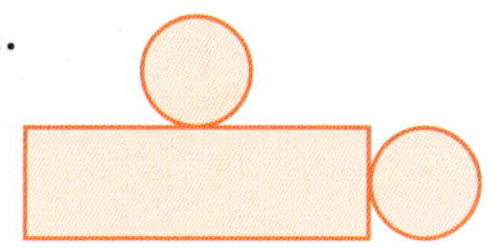

C.

B.
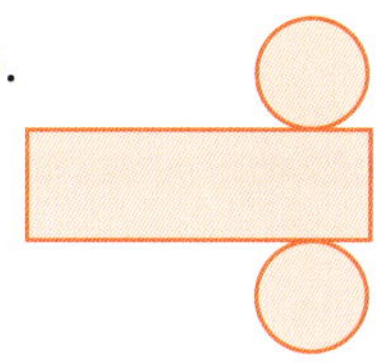

D.

7. Si cada una de estas cajas pesa 1 kg, ¿cuántas cajas faltan para tener 50 kg?

A. 50 B. 24 C. 52 D. 26

Inventa un problema

8. Observa estos poliedros e inventa un problema cuyo resultado sea 36 cm^2.

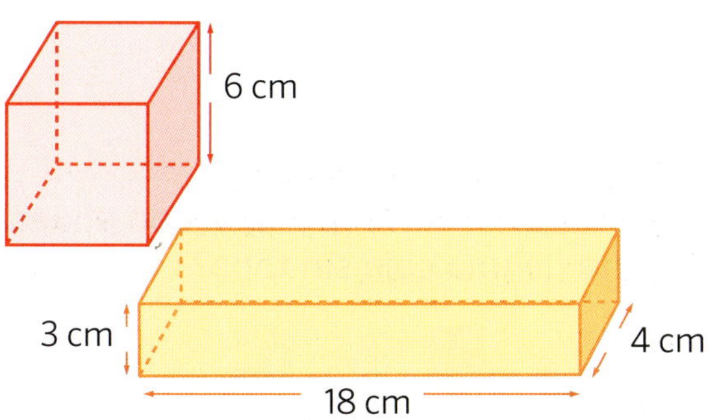

¿Tiene sentido?

9. ¿Es posible que Amaya haya construido una pirámide con 3 triángulos equiláteros y 1 cuadrado? Explica por qué.

10. ¿Puede ser que Juan haya construido un cubo de 5 cm de arista con un trozo de cartulina de 20 cm de ancho y 10 cm de alto?

11. ¿Podrá Carla guardar un balón de 20 cm de radio en una caja cilíndrica de 30 cm de diámetro? ¿Por qué?

Matemáticamente

Cálculo mental — Dividir entre 5

840 : 5

840 —(× 2)→ 1.680 —(: 10)→ 168

840 : 5 = 840 × 2 : 10 = 168

726 : 5

726 —(× 2)→ 1.452 —(: 10)→ 145,2

726 : 5 = 726 × 2 : 10 = 145,2

1 Resuelve mentalmente cada operación y anota su resultado en tu cuaderno.

240 : 5 570 : 5 2.150 : 5 6.060 : 5 5.840 : 5

2 Explica la estrategia que puedes utilizar para resolver estas operaciones. Aplícala y resuélvelas en tu cuaderno. Así descubrirás al personaje.

36.500 : 50 = E	28.800 : 50 = I	49.800 : 50 = A	81.000 : 50 = P
27.300 : 50 = R	33.300 : 50 = S	26.500 : 50 = N	55.600 : 50 = M

666	1.620	576		730	546	1.112	996	530
•••	•••	•••	D	•••	•••	•••	•••	•••

smSaviadigital.com
PRACTICA Utiliza esta estrategia de **cálculo mental.**

Retos matemáticos

1 ¿Cómo calcularías la operación 147 – 56 con tu calculadora si las teclas del *4*, del *5* y del *2* no funcionan?

2 ¿Qué piezas se corresponden con el desarrollo plano de una caja sin tapa?

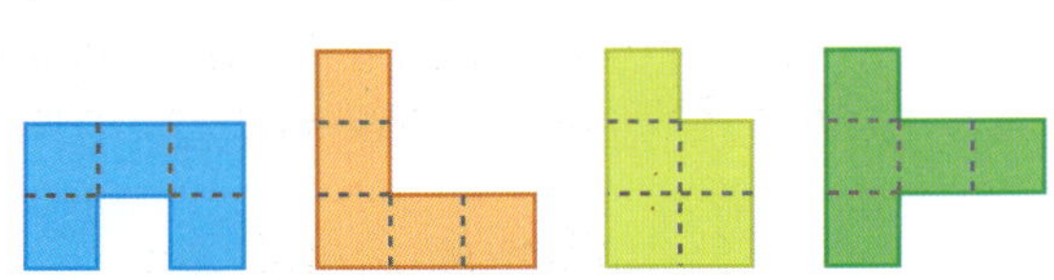

Repasa la unidad

Organiza tus ideas

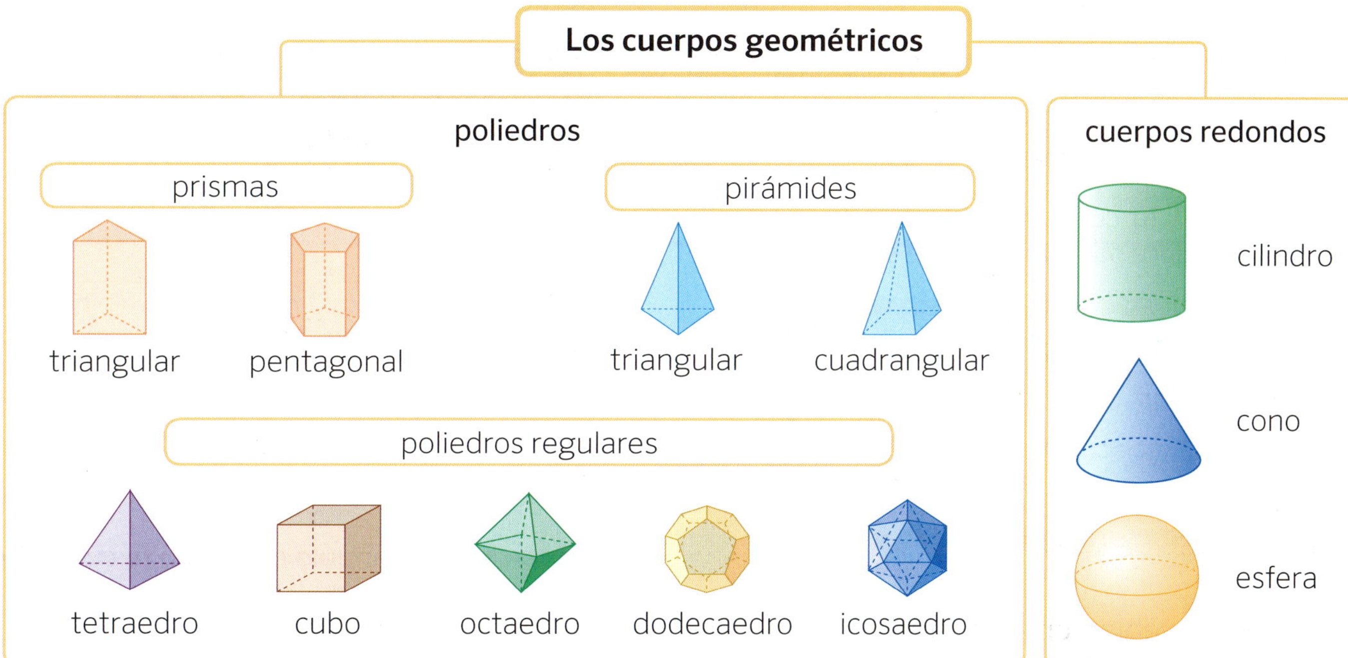

1 Escribe el nombre de estos poliedros y completa la tabla en tu cuaderno.

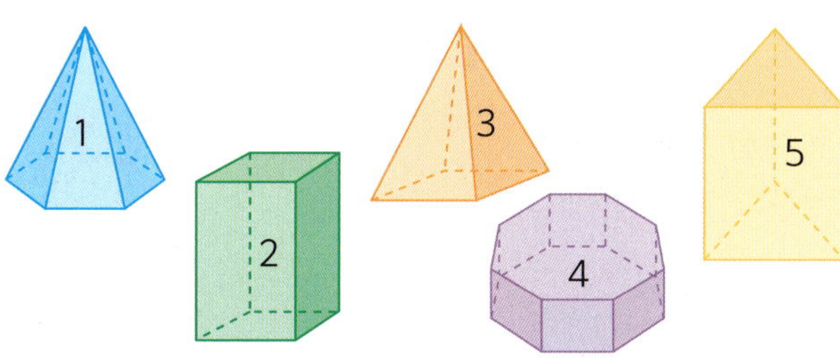

poliedro	n.º de bases	n.º de caras	n.º de vértices	n.º de aristas
1	•••	•••	•••	•••
2	•••	•••	•••	•••
3	•••	•••	•••	•••
4	•••	•••	•••	•••
5	•••	•••	•••	•••

2 Escribe dos semejanzas y dos diferencias entre una pirámide triangular y un cono.

3 ¿Qué cuerpo geométrico no tiene ninguna superficie plana? Dibújalo y señala sus elementos.

4 ¿A qué cuerpo geométrico corresponde cada desarrollo?

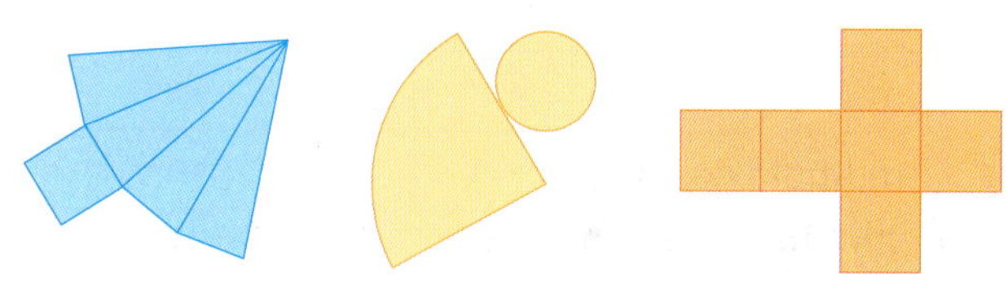

5 ¿Qué forma tienen estas velas?

6 Leo ha dibujado un prisma con 6 caras iguales. ¿Qué cuerpo geométrico ha dibujado?

Vocabulario matemático

7 Un tetraedro esta formado por 4 polígonos iguales y regulares. ¿Cómo se llaman las figuras formadas por estos polígonos iguales y regulares?

8 polígonos   12 polígonos   20 polígonos

smSaviadigital.com
VALORA LO APRENDIDO Comprueba lo que sabes en la **autoevaluación**.

Repasa las unidades

1 Escribe con cifras los siguientes números.

cincuenta y cinco medios

treinta y una decenas y cuatro milésimas

cinco millones quinientos cincuenta y cinco

2 Completa en tu cuaderno utilizando los signos +, –, : y ×. Coloca paréntesis donde sea necesario.

50 ●●● 4 ●●● 2 = 100

18 ●●● 7 ●●● 4 = 100

50 ●●● 2 ●●● 4 = 100

20 ●●● 15 ●●● 3 = 100

3 Completa la tabla en tu cuaderno.

	40	48	54	60
múltiplo de 2	●●●	●●●	●●●	●●●
múltiplo de 3	●●●	●●●	●●●	●●●
múltiplo de 5	●●●	●●●	●●●	●●●
múltiplo de 10	●●●	●●●	●●●	●●●

4 Calcula y simplifica el resultado.

$\frac{13}{5} + \frac{4}{5} + \frac{3}{5}$ $\qquad \frac{13}{2} - \frac{1}{3} + \frac{2}{5}$ $\qquad 10 \times \left(\frac{3}{8} + \frac{5}{8}\right)$

5 ¿Cuántos segundos han pasado entre las horas que marcan estos pares de relojes?

6 Expresa en la unidad indicada en cada caso.

m →	6 dam 7 m 2 dm	1.458,92 dm
dℓ →	7 hℓ 2 ℓ 8 mℓ	0,045 kℓ
hg →	7 t 8 kg	12.789,5 cg

7 Representa un ángulo de 75° en tu cuaderno y calcula la medida de los ángulos complementario y suplementario. Dibújalos.

8 ¿Cuál de estas figuras no corresponde al desarrollo de un prisma? Explica por qué.

A. B. C.

Problemas

9 En una fábrica tienen estos envases de cartón.

A.

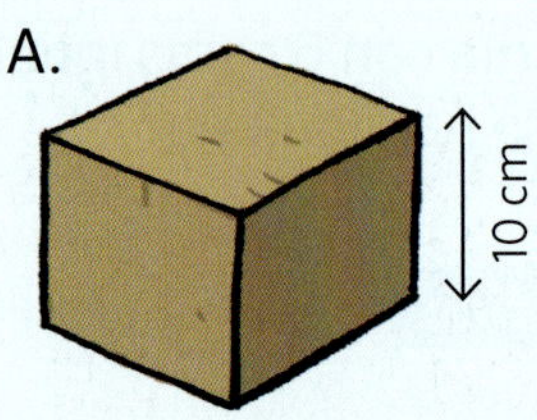

B.

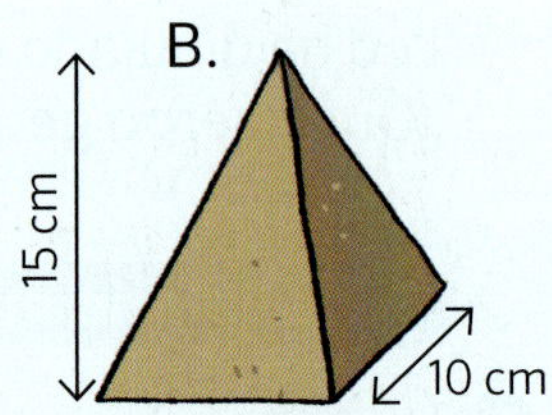

C.

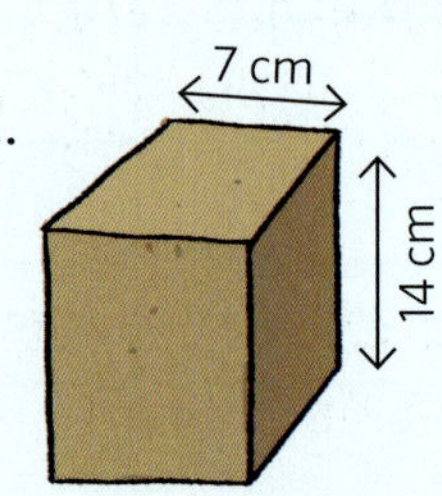

D.

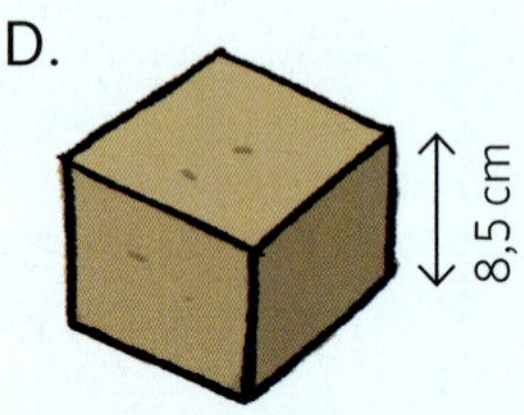

a) Si necesitan empaquetar una lámpara con forma de esfera de 4 cm de radio, ¿qué envases podrían utilizar? Explica por qué.

b) Dibuja el desarrollo plano del envase elegido.

c) Calcula la superficie de cartón necesaria para fabricar el envase elegido.

d) Cada caja con su lámpara pesa 650 g y resiste 1,8 kg. ¿Cuántas cajas se pueden apilar?

Ponte a prueba

Ordena la información y decide

Cuatro amigos trabajan en estos edificios.

- Alfonso trabaja en uno con bases poligonales.
- El edificio de Beatriz no es un prisma oblicuo.
- Cari dice que el suyo no tiene caras laterales.
- Diego ha contado 12 vértices en su edificio.

1. Observa los edificios y responde a estas preguntas en tu cuaderno.
   a) ¿Cuáles de los edificios son prismas? Señala los oblicuos.
   b) ¿Qué figura forma las bases de cada uno? ¿Y las caras laterales? Indica las que son polígonos.
   c) ¿Cuántos vértices tiene cada edificio?

2. ¿En qué edificio trabaja cada amigo? Explica cómo lo has averiguado.

Tarea final Construye un castillo

PASO 1 Revisa la unidad y elige el desarrollo de un cuerpo geométrico. Cálcalo en una hoja, recórtalo y construye la figura.

PASO 2 En grupos de cinco, unid y decorad vuestras figuras para construir un castillo.

PASO 3 Escribid con vuestras palabras el nombre, la definición y las características de las figuras que habéis utilizado.

PASO 4 Inventad un problema que tenga el castillo como contexto y resolvedlo. Podéis ayudaros del libro.

PASO 5 Debatid qué pasos de la tarea os han producido más inseguridad.

- ¿Cómo los habéis afrontado?
- ¿Qué se podría hacer para abordarlos con serenidad?

smSaviadigital.com
VALORA LO APRENDIDO ¿**Cómo has trabajado** en esta tarea?

Azar y Probabilidad

Sucesos seguros, posibles e imposibles

Cuando lanzamos un dado no sabemos qué número va a salir, el resultado depende del azar. Puede salir 1, 2, 3, 4, 5 o 6. Cada uno de los posibles resultados se llama suceso.

- Que al lanzar un dado salga 6, es un **suceso posible**.
- Que salga 8 es un **suceso imposible**.
- Sacar un número del 1 al 6 es un **suceso seguro**.

La **probabilidad** mide la facilidad con la que puede ocurrir un suceso. Se halla dividiendo el número de sucesos favorables entre el número de sucesos posibles.

$$\text{probabilidad} = \frac{\text{n.º de sucesos favorables}}{\text{n.º de sucesos posibles}}$$

probabilidad de que salga 3 al lanzar un dado.

$\frac{1}{6}$ ← un suceso favorable / ← seis sucesos posibles

probabilidad de que salga par al lanzar un dado.

$\frac{3}{6}$ ← tres sucesos favorables / ← seis sucesos posibles

1 **Indica qué situaciones dependen del azar y por qué.**

a) Sacar una moneda de 5 CENT de un monedero con distintas monedas.

b) Lanzar una piedra al aire y que vuelva al suelo.

c) Meter una cubitera en el congelador y que se congele.

d) Sacar una carta de una baraja y que sea un as.

2 **Tenemos una bolsa con canicas verdes y amarillas. Sin mirar, saco una bola de la bolsa. Clasifica estos sucesos en seguros, posibles o imposibles.**

a) Sacar una canica amarilla.

b) Sacar una canica verde.

c) Sacar una canica azul.

d) Sacar una canica verde o amarilla.

3 Cada cara de estos dados tiene un color diferente. En este juego gana el jugador que más veces consiga el color azul.

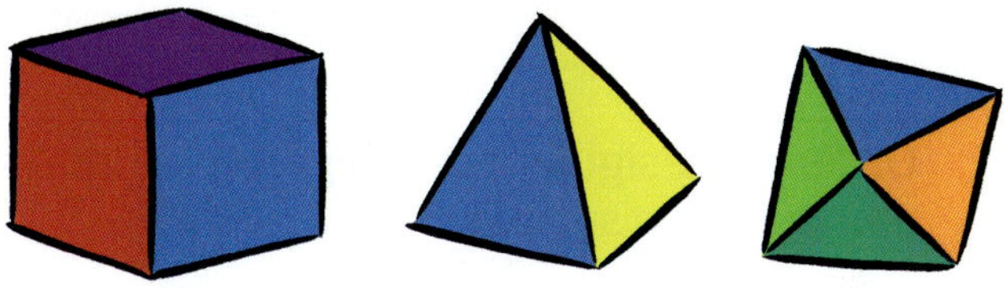

¿Qué dado elegirías? Explica porqué.

4 Observa la ruleta y halla la probabilidad de que salga cada uno de los siguientes colores.

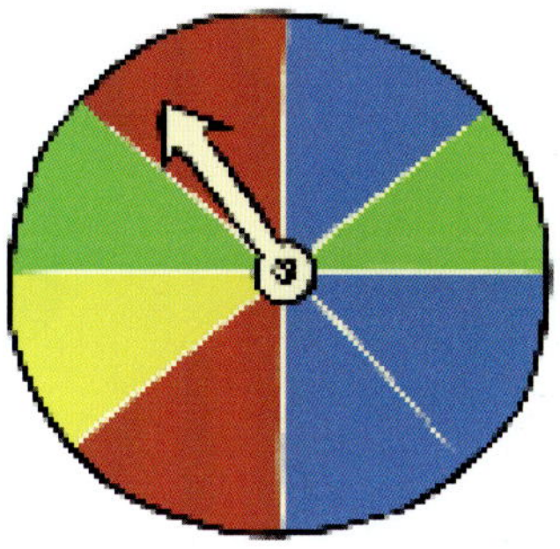

a) Azul
b) Verde
c) Morado
d) Amarillo
e) Negro
f) Rojo

5 En una urna hay cuatro bolas azules y cuatro bolas naranjas.

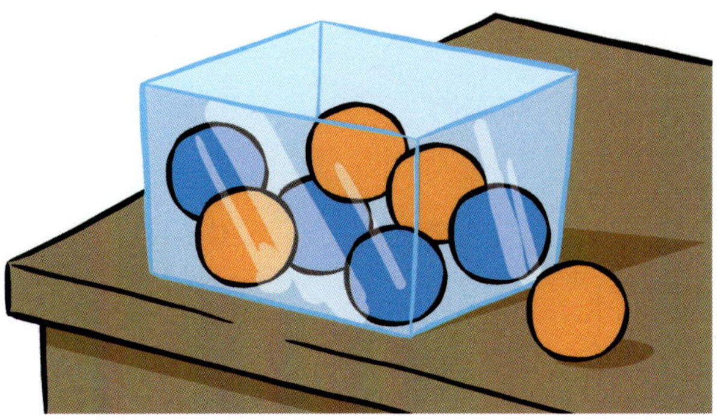

a) Si sacamos una bola de la urna al azar, ¿qué probabilidad hay de que sea naranja?

b) ¿Qué probabilidad hay de que la bola que sacamos sea azul?

c) Si la primera bola que hemos sacado ha sido de color naranja, ¿qué probabilidad hay de que al sacar una segunda bola sea azul?

6 Marisa está ensayando un truco de magia con una baraja de cartas. Me pide que elija una carta.

a) ¿Qué probabilidad tiene de acertar qué carta he elegido?

b) Si para ayudarle le digo que es de espadas, ¿qué probabilidad tiene ahora de acertar?

c) Escribe un suceso posible y uno imposible, sacando una carta sin mirar.

7 Relaciona los sucesos, producidos al lanzar un dado, con el tipo correspondiente.

Suceso seguro — Suceso posible — Suceso imposible

a) Que salga un número par o impar.

b) Que no salga un 2.

c) Que salga un número mayor que 6.

8 Marcos está jugando con monedas. Si lanza una moneda al aire, ¿qué probabilidad hay de que salga cara?

9 Halla la probabilidad de estos sucesos al lanzar el dado.

a) Que salga un número múltiplo de 2.

b) Que salga un número menor que 6.

c) Que salga un número menor que 1.

Comprueba lo que has aprendido

¿Recuerdas todo lo que has aprendido durante este trimestre?

1 Copia e indica en tu cuaderno.

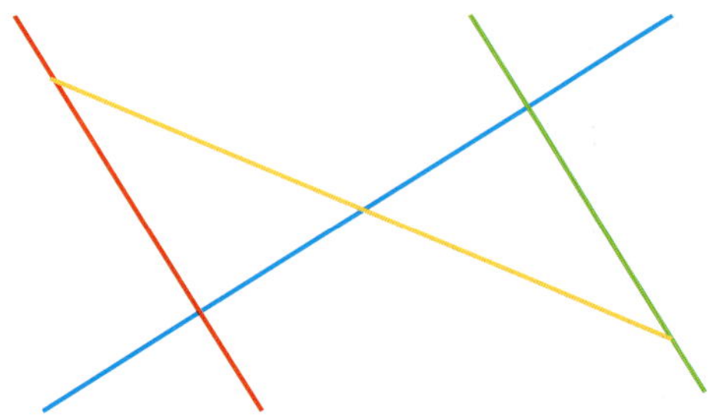

a) Dos rectas que sean paralelas.

b) Dos rectas que sean perpendiculares.

c) Dos ángulos opuestos por el vértice.

d) Dos ángulos consecutivos suplementarios.

2 ¿Qué coordenadas tendrá la figura simétrica respecto al eje de simetría marcado?

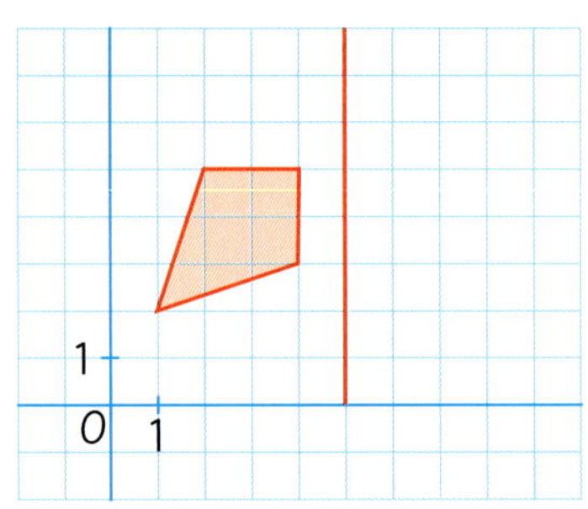

A. (3, 6); (6, 5); (9, 5); (8, 2)

B. (6, 3); (6, 5); (8, 5); (9, 2)

C. (2, 1); (3, 4); (5, 2); (5, 4)

D. (1, 2); (4, 3); (2, 5); (4, 5)

3 ¿Cuál es la longitud de esta circunferencia?

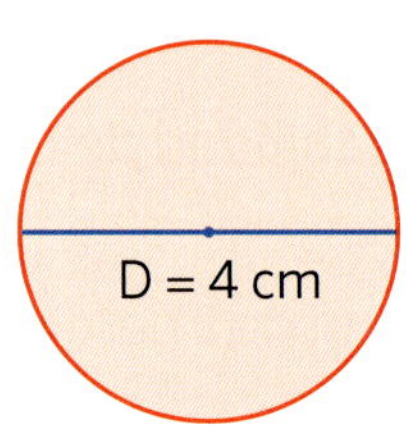

A. 18,84 cm

B. 25,12 cm

C. 12,56 cm

D. 50,24 cm

4 Ordena los siguientes polígonos de mayor a menor según su área.

a)

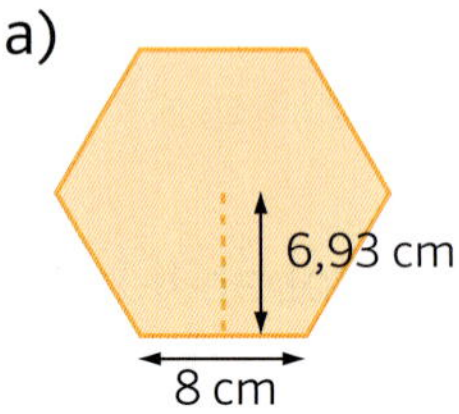

c)

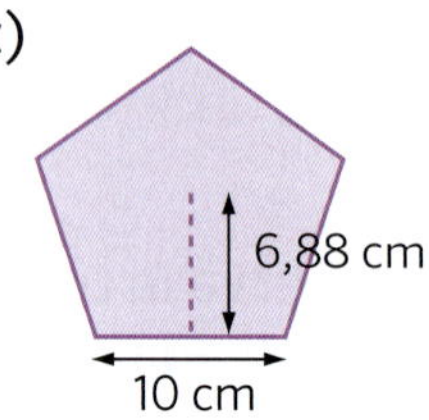

b)

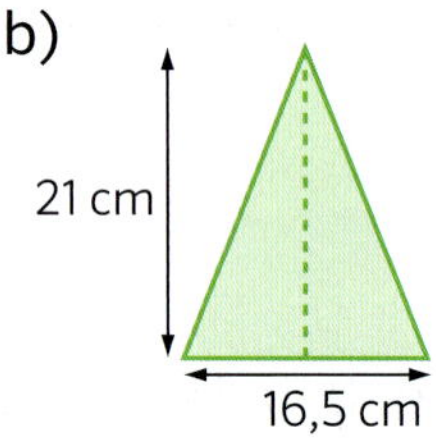

d)

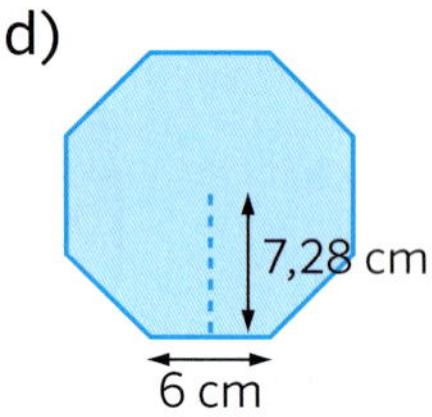

A. d - b - c - a

B. d - a - b - c

C. a - b - d - c

D. a - d - c - b

5 Observa los siguientes poliedros y completa la tabla en tu cuaderno.

a)

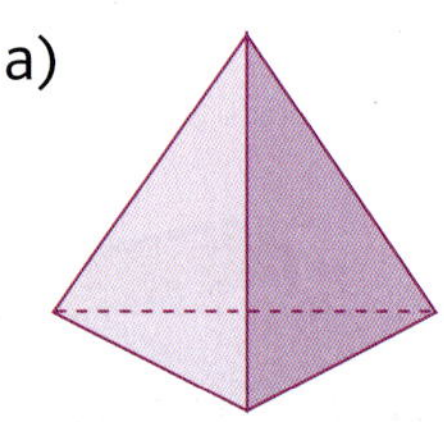

c)

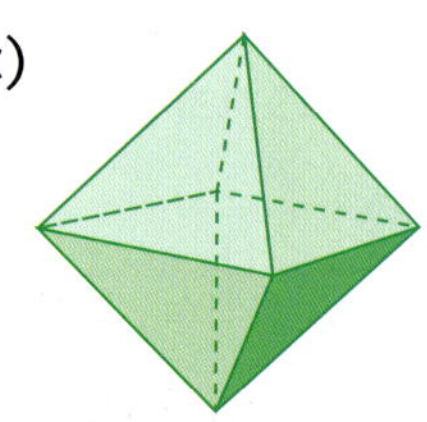

b)

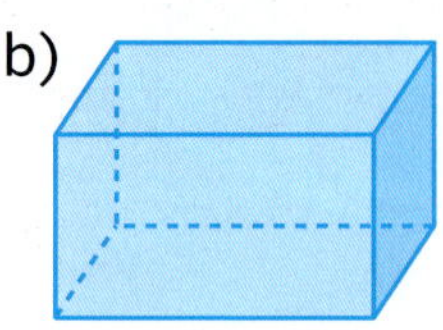

d)

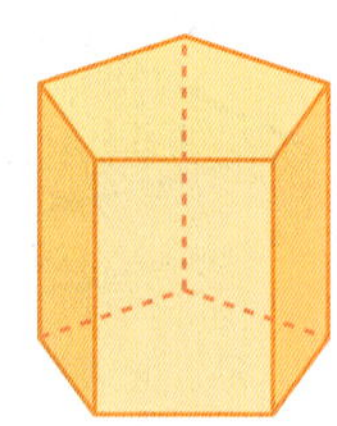

poliedro	nombre	caras	vértices	aristas
a)	●●●	●●●	●●●	●●●
b)	●●●	●●●	●●●	●●●
c)	●●●	●●●	●●●	●●●
d)	●●●	●●●	●●●	●●●

Entre polígonos

Observa la siguiente figura.

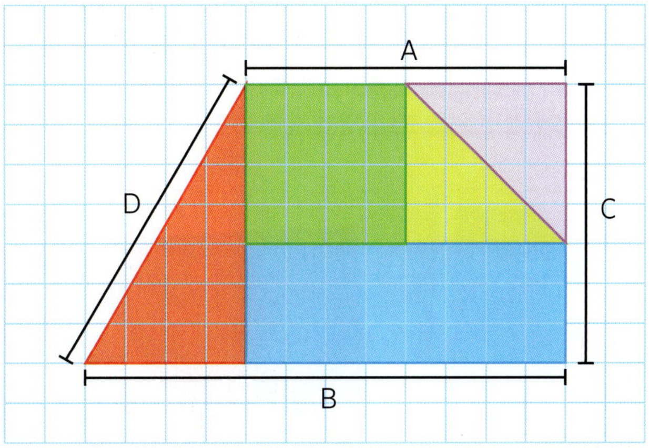

1 Sigue las pistas y averigua la medida en centímetros de cada lado de la figura.

- El lado B mide 0,1 m y 2 cm.
- El lado A mide las dos terceras partes de lo que mide el lado B.
- El lado C mide 1 cm menos que el lado A.
- El lado D mide 80,6 mm.

2 ¿Cuántos centímetros mide el perímetro de la figura?

A. 35,06 cm **B.** 350,6 cm **C.** 3,506 cm **D.** 3.506 cm

3 Responde verdadero (V) o falso (F).

a) Entre todas las figuras forman un trapecio rectángulo.

b) La figura roja es un triángulo isósceles y rectángulo.

c) El área del cuadrado verde es mayor que el área del rectángulo azul.

d) El área del triángulo amarillo equivale a la tercera parte del área del rectángulo azul.

4 Calcula el área de la figura.

5 Dibuja en tu cuaderno un prisma usando estas piezas como bases.

a) ¿Qué clase de prisma es? Dibuja el desarrollo plano en tu cuaderno.

b) Indica el número de caras, vértices y aristas del prisma.

¡A toda máquina!

PROYECTO TRIMESTRAL
Descubrimos la historia

La geometría de las máquinas

¿Sabes que algunos elementos de las máquinas han cambiado su forma a lo largo del tiempo? En esta sección investigarás la geometría de algunas máquinas y descubrirás cómo han cambiado.

1 Observa las imágenes y contesta.

a) Molinos como el primero aparecen en El Quijote, investiga en qué siglo se escribió. ¿Y los aerogeneradores? ¿Cuántos años han pasado entre uno y otro aproximadamente?

b) ¿Qué figuras o cuerpos geométricos reconoces en cada uno?

c) ¿Qué ángulos forman las aspas de cada uno?

d) ¿Qué figura plana forman las aspas al girar? Señala sus elementos.

e) Explica en qué se parecen y en qué se diferencian las dos máquinas.

2 **Formad grupos en clase y realizad las actividades a partir de estos desarrollos planos.**

a) ¿A qué cuerpo geométrico corresponde cada desarrollo?

b) ¿Cuáles utilizaríais para construir el molino de viento? ¿Y el aerogenerador?

c) Diseñad vuestro propio molino y costruidlo. ¿Como habéis conseguido que las aspas se muevan con el viento?

3 **Elige una máquina que tenga un elemento con forma de cuerpo redondo o figura circular.**

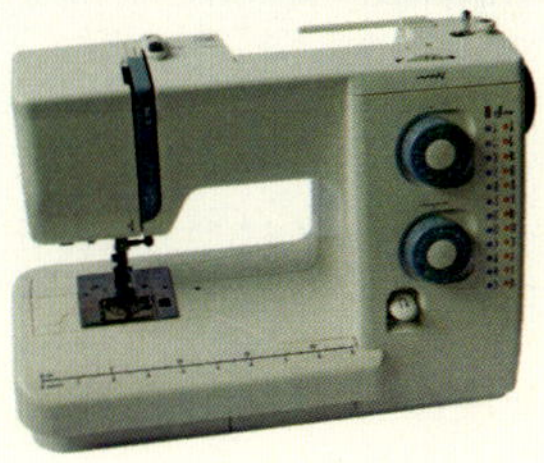

a) Elaborа una ficha en la que aparezca:

- Para qué sirve esa máquina y qué energía utiliza.
- Las figuras o cuerpos geométricos que la forman.
- Una fotografía o dibujo.

b) Juntad las fichas de toda la clase. Calcula la probabilidad de sacar al azar una máquina:

con un círculo | con un cilindro | con un cono | con una esfera

Desarrollos planos

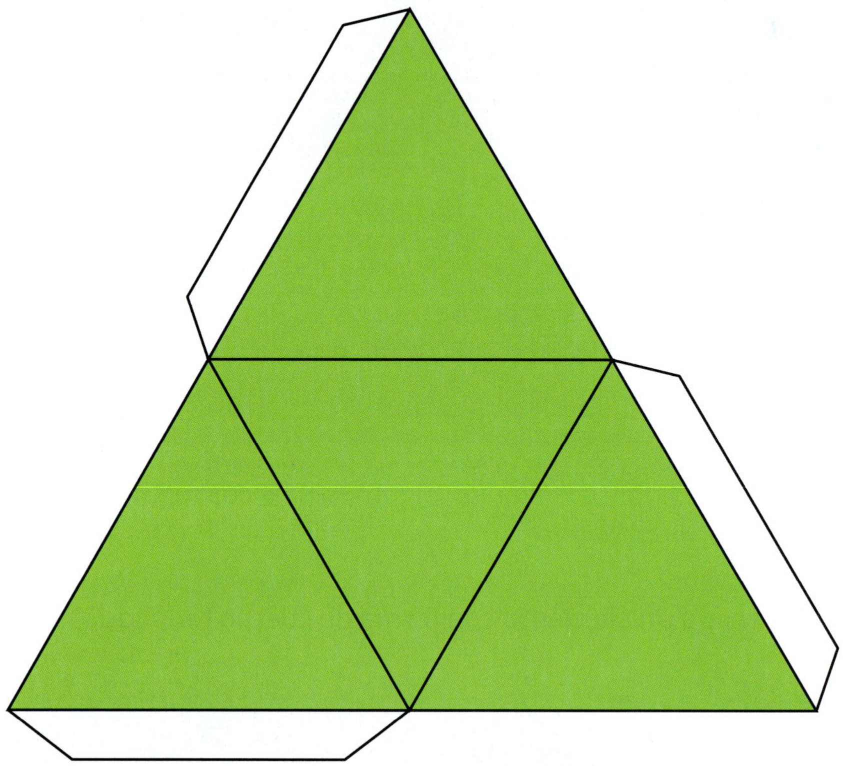

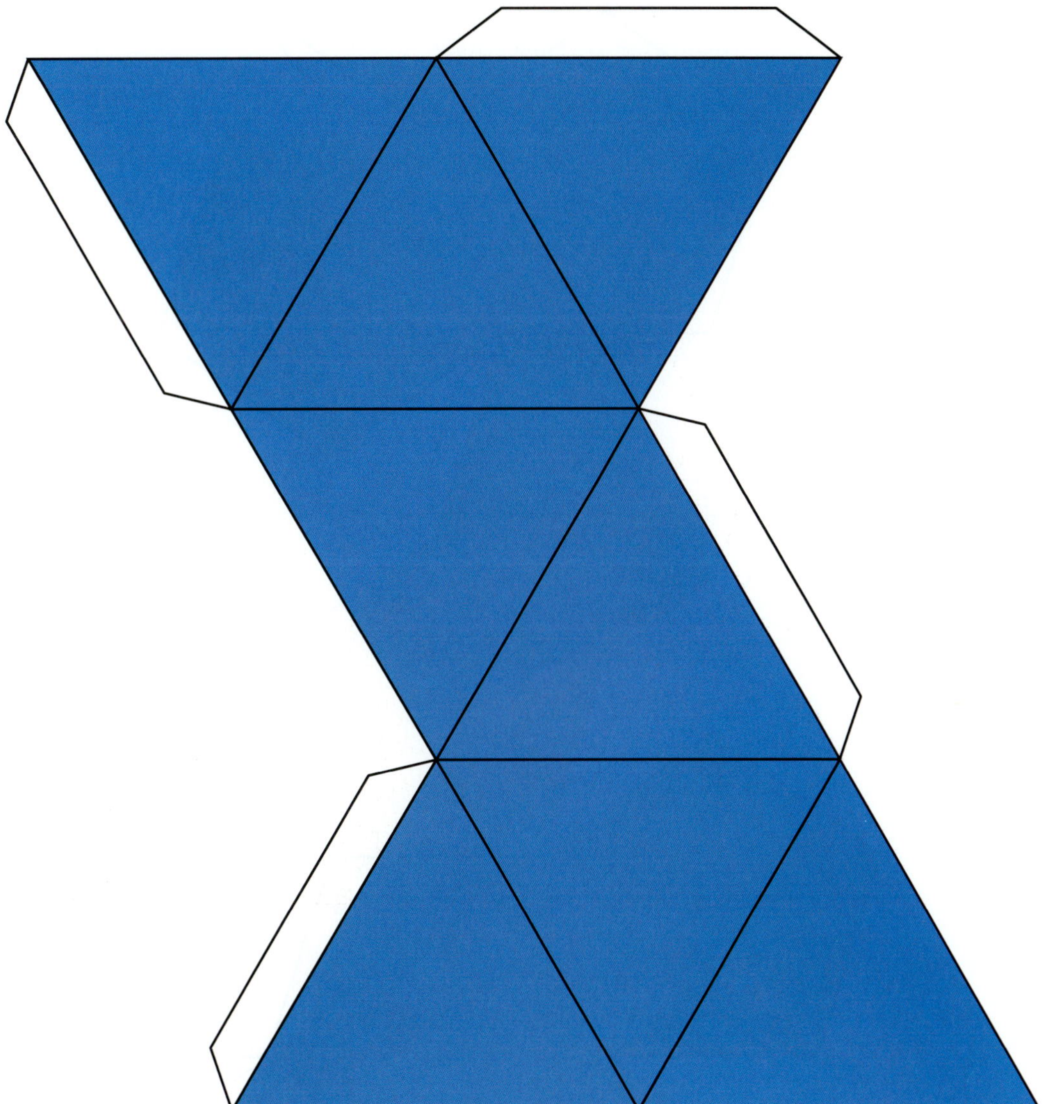

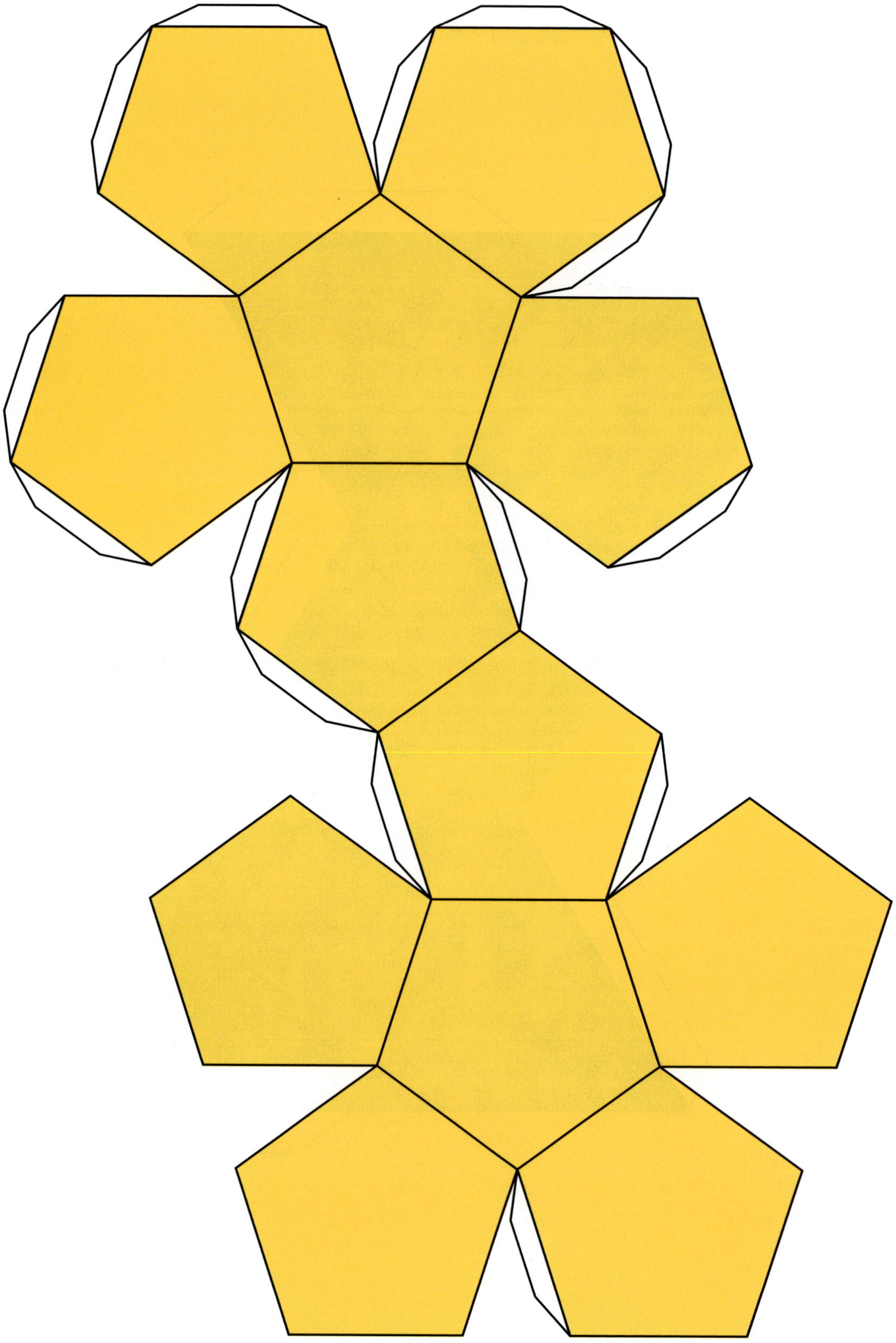

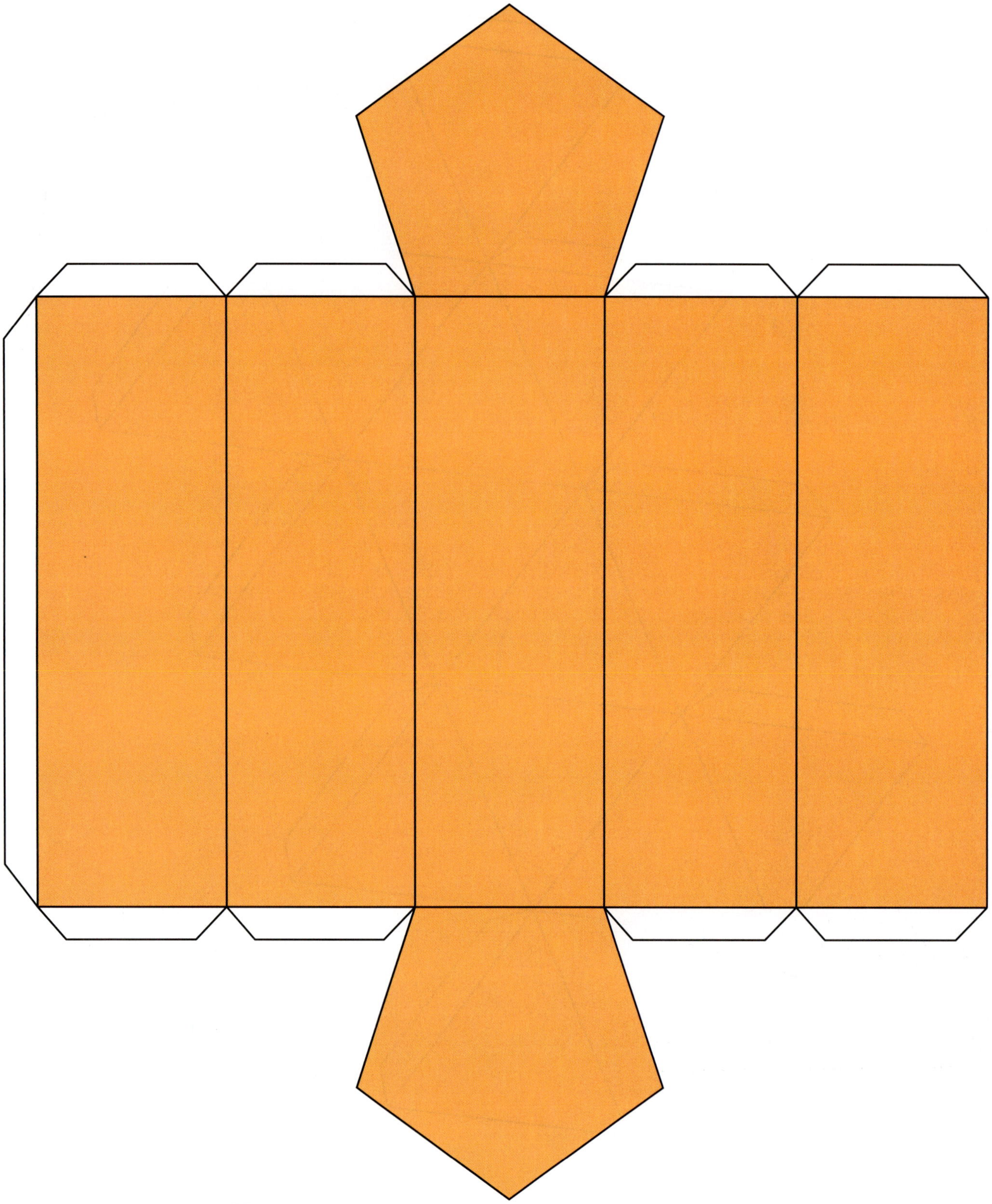

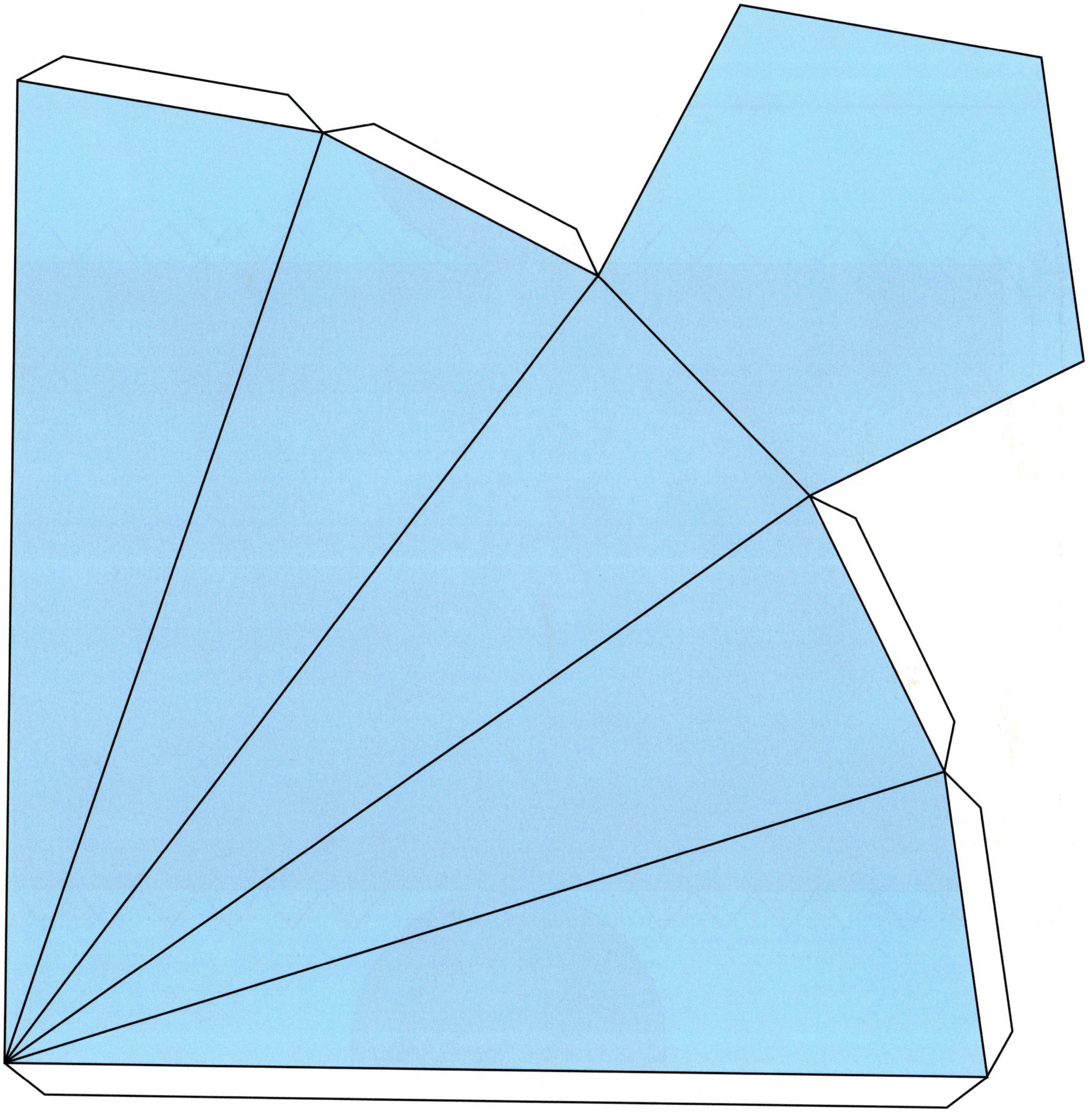

El libro **Matemáticas** para **5.º** de **Primaria** forma parte del Proyecto Editorial de Educación Primaria de SM. En su realización ha participado el siguiente equipo:

Autoría
Mercedes Garín, Carmen Hernández, Rafael Pérez, Cristóbal Macías, Miriam Peña, Rafael Ramírez, Javier Bernabeu, Alberto Navarro, Francisco Morales, José Manuel Vidal, María Nila Pérez, Zoraida de Armas, Yolanda González, Àngels Navarro

Edición
Aurora Bellido, Jesús Macías, Ana Casado, Eva Béjar, Oiana García, Ana Carvajal, Natividad Juarros, José Manuel Gómez, Arturo García, Nuria Hernánz, Lucía de la Rosa

Corrección
Javier López

Ilustración
Archivo SM; Juan Antonio Rocafort Huerta; Dani; Cristina Picazo; Triz; Diego Burdío Roman; Sebastià Serra; Enginyfactory ; Jesús Gabán (cubierta)

Fotografía
Javier Calbet, Sonsoles Prada, Fidel Puerta, Sergio Cuesta, Juan Baraja, José Manuel Navia/Archivo SM; Almudena Esteban; Montse Fontich; Alekss, Daniel Gale/DREAMSTIME; CORBIS/CORDON PRESS; INGRAM; THINKSTOCK; ABLESTOCK; 123RF; SHUTTERSTOCK; GETTY IMAGES

Edición gráfica
Fidel Puerta

Diseño de cubierta e interiores
Estudio SM

Responsable del proyecto
Eva Béjar, Javier Bernabeu

Coordinación de contenidos digitales
Mara Mañas

Coordinación editorial de Matemáticas
Josefina Arévalo

Coordinación editorial de Primaria
Pilar Menéndez, Nuria Corredera

Dirección de Arte del proyecto
Mario Dequel

Dirección editorial
Aída Moya

Ilustración de cubierta
de Jesús Gabán,
del libro *Versos del bosque*,
Ediciones SM, 2013.

Todas las actividades contenidas en este libro han de ser realizadas en un cuaderno aparte, nunca en el propio libro.
Los espacios incluidos son meramente indicativos y su finalidad es puramente didáctica.

Gestión de las direcciones electrónicas
Debido a la naturaleza dinámica de internet, SM no puede responsabilizarse de los cambios o las modificaciones en las direcciones y los contenidos de los sitios web a los que remite en este libro.

Con el objeto de garantizar la adecuación de las direcciones electrónicas de esta publicación, SM emplea un sistema de gestión que redirecciona las URL que con fines educativos aparecen en la misma hacia diversas páginas web; entre otras de uso frecuente: es http://es.wikipedia.org, www.youtube.es. SM declina cualquier responsabilidad por los contenidos o la información que pudieran albergar, sin perjuicio de adoptar de forma inmediata las medidas necesarias para evitar el acceso desde las URL de esta publicación a dichas páginas web en cuanto tenga constancia de que pudieran alojar contenidos ilícitos o inapropiados. Para garantizar este sistema de control es recomendable que el profesorado compruebe con antelación las direcciones relacionadas y que comunique a la editorial cualquier incidencia a través del correo electrónico ediciones@grupo-sm.com.

ISBN General: 978-84-675-6993-3
ISBN Andalucía: 978-84-675-7681-8
Deposito legal: M-04.550-2014
Impreso en la UE / *Printed in EU*

Este libro está impreso
en papel procedente de
bosques gestionados
de manera sostenible.